아인슈타인이
틀렸다면

X

아인슈타인이 틀렸다면

물리학에 대한 중요한 질문 50가지

브라이언 클레그 외 지음 | 정현선 옮김

황소걸음
Slow & Steady

머리말

위대한 물리학자나 천재를 한 사람 대보라고 하면 사람들은 대개 알베르트 아인슈타인Albert Einstein을 떠올릴 것이다. 하지만 물리학에서도 아주 별난 현상들에 대해서는 아인슈타인도 오류를 범할 수밖에 없었다. 아인슈타인은 양자론을 구축하는 데 큰 기여를 했지만, 양자론에 치명적 결함이 있다고 믿었다. 그는 양자론이 현실을 확률로 바라보는 것을 못마땅하게 여겼다. 양자물리학에 따르면 측정하기 전에 입자의 절대적 위치는 없다. 측정하기 전에는 확률의 집합일 뿐이다. 아인슈타인은 만물의 근본, 즉 진정한 가치가 어딘가에 숨어 있을 거라 확신했다. 친구 막스 보른Max Born에게 다음과 같이 쓴 것도 불확정성에 대한 혐오 때문이다. "방사선에 노출된 전자가 자신이 뛰쳐나올 순간뿐만 아니라 그 방향까지 제멋대로 선택한다는 생각을 하니 도무지 참아줄 수가 없군. 이런 식이라면 물리학자로 사느니 차라리 구두 수선공이나 도박장 사환으로 사는 게 낫겠어." 하지만 틀린 것은 이론이 아니라 아인슈타인이다. 숨은 가치 같은 것은 없다. 양자물리학이 이상한 이론이라는 얘기다.

아인슈타인은 우주의 특성을 설명하면서도 실수를 범했다. 일반상대성이론에 관한 자신의 방정식에서 우주가 불안정하며 수축 혹은 팽창하고 있다는 예측이 나오자, 아인슈타인은 자신이 종전에 추정한 조건을 유지하고자 우주 상수라는 '결정적 오류'를 수식에 넣었다. 오래지 않아 에드윈 허블Edwin Powell Hubble이 우주가 팽창한다는 사실을 발견했다. 우주 상수는 필요 없어졌고, 아인슈타인은 이를 가리켜 '일생일대의 실수'라고 했다. 그러나 때가 무르익자, 신비스러운 암흑 에너지로 인해 발생한 팽창 가속을 해결하기 위해 다시 우주 상수를 도입할 이유가 생겼다.

아인슈타인도 틀릴 수 있다는 것은 놀라운 일이 아니다. 과학이란 현재 주어진 데이터를 기초로 최선의 이해를 도모하는 학문일 뿐, 절대 진리가 아니기 때문이다. 이 책은 장마다 한때 매우 도발적이었으나 이제는 광범위하게 받아들여지는 역사 속의 이론들을 다룬다. 일부 항목에서는 위대한 사상가들을 우롱했을 뿐만 아니라 지금도 몹시 이상하게 보이는, 혹은 여전히 추측으로 남은 물리학의 면면을 살펴본다. 소제목별로 '~면'이라는 질문에 대한 대답과 함께 '진짜 그렇다면?' 이라고 의미 있는 사족을 달아 가정이 사실일 경우 일어날 만한 일들에 대한 이야기를 짧게 풀어놓고, '놀라운 사실'에서는 여러 객관적인 사실과 놀라운 수치들을 소개한다.

아인슈타인이 물리학에 기여한 부분은 수없이 많지만, 그중에서도 양자물리학의 기초를 놓았다는 점과 상대성이론과 시간 여행을 연결해서 설명했다는 점이 가장 큰 업적이라고 하겠다. 그래서 책 맨 앞 두 장을 그 둘에 할애했다. 비록 아인슈타인은 확률 얘기만 늘어놓는 양자론을 싫어했으나, 그에게 노벨상을 안겨준 것은 광전효과에 관한 논문이다. 이 논문에서 그는 빛의 광자를 통해 에너지 양자가 실재한다는 사실을 입증했으며, 그 덕에 원자 구조를 뜯어보고 양자의 관점에서 입자들의 기이한 작용을 이해하기 위한 첫발을 내디뎠다. 아인슈타인의 특수상대성이론은 시간과 공간의 관계를 탐구한 반면, 일반상대성이론은 뉴턴Sir Isaac Newton의 이론을 든든히 뒷받침하는 동시에 거대한 물체가 시공을 뛰어넘는 방법을 입증했다. 무엇보다 이들 이론 덕에 인류는 시간 여행에 필요한 이론의 기초를 손에 넣을 수 있었다.

우리에게 물질과 빛의 특성을 알려주는 것이 양자론이라면, 표준 모형이라는 최신 이론을 통해 우주의 질서를 유지하는 아주 작은 입자들의 세계로 안내하는 것은 입자 물리학이다. 최근 개발된 강입자충돌기LHC 덕에 표준 모형 가운데 가장 큰 수수께끼였던 힉스 입자가 실재할 가능성도 어느 정도 확인되었다. 그러나 입자 물리학은 여전히 확인된 부분만큼이나 추측에 지나지 않는 부분이 많은 최신 과학이며, 물리학에서 가장 광범위한 분야라 할 수 있는 우주론에도 어느 정도 적용된다.

입자 물리학과 양자물리학이 지극히 작은 것들에 몰두했다면, 우주론은 반대로 우주 전체에 이르는 아주 큰 것들을 다룬다. 우주론은 규모가 거대하고 빅뱅처럼 간접적으로 생각해볼 수밖에 없는 사건들을 연구하는데도 아주 작은 세계와 깊이 연관되었다. 우주 생성 초기, 양자 효과가 중요한 역할을 했기 때문이다. 우주를 상세하게 다룬 천체물리학에도 양자물리학이 큰 영향을 미쳤다. 별의 생명 주기와 특성, 별의 괴짜 사촌 격인 중성자별과 불가사의한 블랙홀에 대한 설명을 담당한 것이 양자물리학이다. 우리 은하를 비롯해 여러 은하의 중심에 존재하는 것으로 여겨지는 블랙홀이 태양과 비교가 되지 않을 정도로 크다고 해도 그들이 우리를 둘러싼 우주와 주고받는 상호작용을 이해하는 핵심은 양자론이며, 그들의 존재를 처음 추정해낸 것은 일반상대성이론이다.

20세기 전반기에 등장한 옛 이론들을 전복하는 것이야말로 물리학에서 가장 놀랍고 기쁜 일로 보일지도 모르겠다. 하지만 양자론과 상대성이론이 물리학의 세계를 장악하기 전, 세상을 지배하던 고전물리학에는 아직도 놀라운 면이 많다. 믿기지 않을 정도로 단순하기 그지없는 열역학도 그렇고, 거울에 비친 상이 좌우가 바뀌어 보이는 것처럼 아주 오래된 의문까지 생각할수록 여전히 감탄스러운 것들이 많다. 고전물리학은 현대적인 것과 거리가 먼 현실 학문이지만, 고전물리학과 현대물리학 모두 현대적인 과학기술을 가능하게 한 주인공이다. 과학이 지금 이 순간 하는 것들과 현재 물리학이 전념하는 일들을 알아보고, 과연 그것들이 일상에 어떤 식으로 적용되어 우리를 놀라게 하고 즐겁게 할지 살피면서 이 탐구를 마무리하면 좋을 듯하다.

때로 물리학은 몹시 메마르고 기계적인 과학으로 느껴진다. 학교에서 가르쳐주는 물리학도 그런 모습에서 크게 벗어나지 않는다. 하지만 물리학은 우리에게 가장 큰 놀라움을 선사하는 과학이자, 무척 흥미진진하고 즐거운 과학이다. 아인슈타인도 가끔 헛발을 짚지 않았는가. 하지만 그는 실수를 나쁘게 여기지 않았다. 과학자란 그렇게 놀라움을 즐기는 사람들이니까. 그게 물리학자들의 특기니까.

차례

03 Particle Physics 입자 물리학

04 Cosmology 우주론

05 Astrophysics 천체물리학

06 Classical Physics 고전물리학

07 Technology 과학기술

01 Quantum Physics

양자물리학

19세기 말, 막스 플랑크Max Planck는 뮌헨대학Ludwig Maximilian University of Munich에서 공부했다. 당시 그는 이대로 공부에 매진해 물리학자의 길을 걸어야 하나, 새로 기술을 익혀 피아니스트가 되어야 하나 고민에 빠졌다. 지도 교수 필리프 폰 욜리Philipp von Jolly는 이제 물리학 분야에서는 할 일이 없다고 말했다. 그리 중요하지 않은 세부 사항 몇 가지를 제외하고 물리학 이론은 완성되었다는 것이다.

하지만 플랑크는 스승의 말을 듣지 않고 물리학의 세계로 뛰어들었다. 그리고 스승이 그리 중요하지 않다고 한 세부 사항을 발견, 19세기 선배 학자들이 진실이라고 믿던 것들을 완전히 뒤집었다. 물질과 빛의 상호작용을 이해하기 위해서는 모든 이들의 생각처럼 빛을 연속된 파장으로 보지 말고 작은 덩어리, 즉 양자로 봐야 한다는 사실을 증명한 것이다. 미미한 관점의 변화로 종전 물리학 지식은 대부분 다시 생각해봐야 할 대상이 되고 말았다.

양자론은 광자, 전자, 양성자, 중성자 등 사물을 구성하는 아주 작은 입자들의 세계가 일상 속 물체들의 '거시적' 세계와는 다르게 작용한다고 말한다. 원자 주위를 도는 전자를 지구의 위성과 비슷하다고 생각할 수도 있지만, 전자의 작용은 훨씬 더 놀랍고 기이하다.

양자물리학 연구의 대가 리처드 파인먼Richard Phillips Feynman은 양자론이 자연을 묘사하는 것을 상식의 눈으로 보면 어처구니없지만, 실험 결과를 보면 이보다 잘 맞아떨어지는 이론이 없다고 지적했다. "자연이 기묘하다는 것을 믿을 수 없다고 해서 관심을 접지는 마십시오. 제 이야기가 모두 끝난 뒤 여러분도 저처럼 큰 기쁨을 누렸으면 좋겠습니다."

양자물리학에서 양자 비약quantum leap이라는 개념이 나왔다.

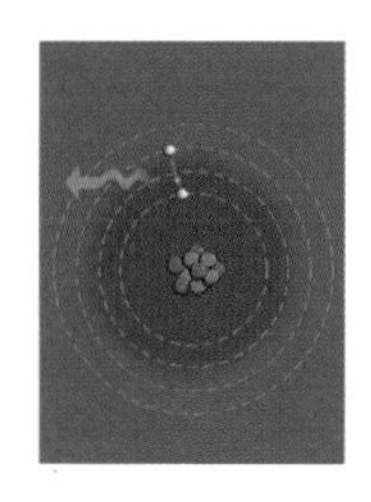

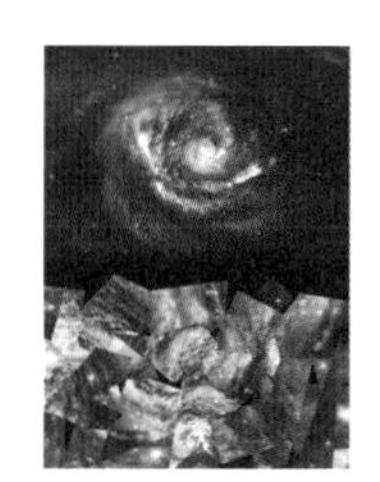

양자 비약이란 원자 주위를 도는 전자의 에너지준위와 양자 상태가 변화를 일으키는 현상을 가리킨다. 양자 입자의 한 가지 측면에 대해 많이 알수록 다른 측면에 대해서는 더 모른다는 것을 아주 우아하게 증명한 불확정성의 원리 역시 양자물리학에서 비롯된 것이다. 파인먼의 주장대로 상식은 소용없다는 것을 여실히 보여주는 입자의 세계를 수학을 통해 세세한 부분까지 이해할 수 있도록 한 것도 양자물리학이다.

이 장을 읽는 독자들 눈에 많은 것들이 기이하게 보이겠지만, 양자물리학은 그저 흥미로운 이론이라고 치부할 수 없는 이론이다. 양자물리학이 없다면 태양은 빛나지 않았을 것이다. 양자물리학이 없다면 빛과 물질의 상호작용은 현재와 같은 방식으로 펼쳐지지 않았을 테고, 원자 역시 지금처럼 안정적이지 않았을 것이다. 양자의 작용이 없었다면 우리에게는 전기도, 레이저도, 초전도체도 없었을 것이다. 아주 작은 것들의 세계에 온 것을 환영한다.

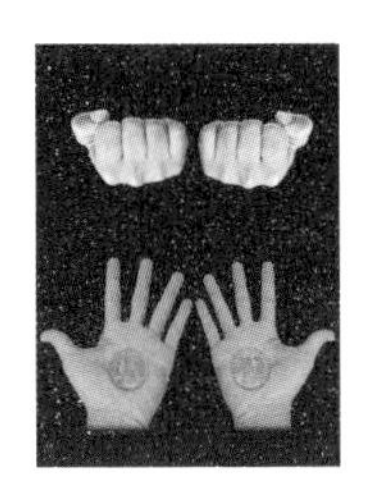

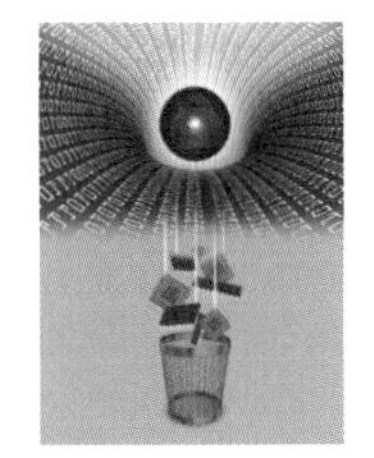

양자 비(도)약이 가능하다면

브라이언 클레그 Brian Clegg

정치가가 '비약적 발전quantum leap을 했다'고 말할 때 의미하는 바는 명백하다. 비약이란 본래 크고, 대담하며, 중요한 것을 일컬을 때 쓰는 말이다. 하지만 정작 내용을 들춰보면 어울리지 않는 비유다. 양자 비약은 그 규모가 매우 작기 때문이다.

양자 비약이라는 개념은 양자론이 처음 발달하고 원자의 구조를 이해하면서 나온 것이다. 20세기 초에는 원자가 실재하는지 의심하는 학자가 많았다. 그러나 여러 실험 결과에서 원자의 존재 가능성이 커지자, 과연 그 속은 어떤 원리로 구성되었는지 밝혀내는 데 노력이 집중되었다. 음전하를 띤 전자 입자가 새로 발견되었고, 원자가 그런 전자를 방출할 수 있다는 사실이 실험을 통해 입증되었다. 결국 모형에는 전자와 결합해 중성인 원자를 만들어낼 양

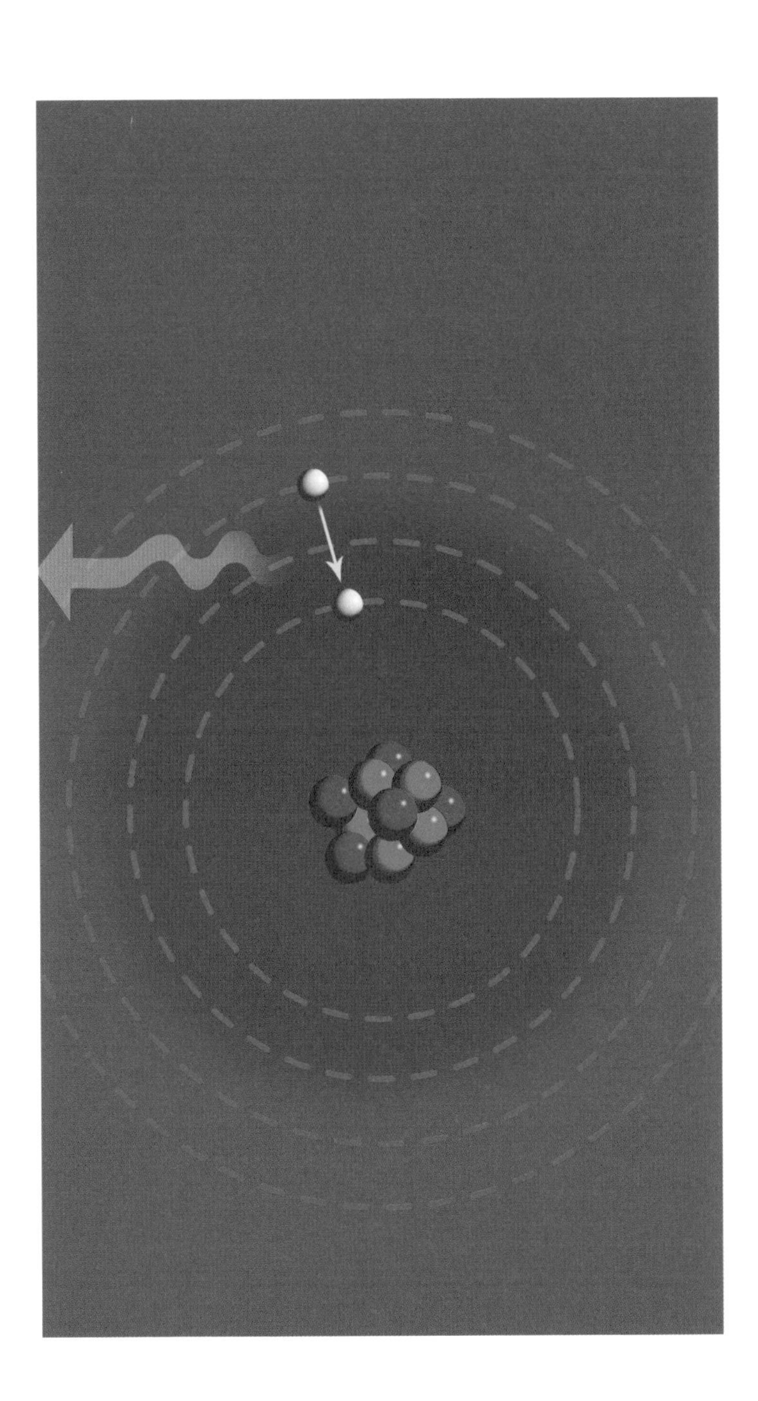

전하를 띤 무엇인가가 필요했다.

과학자들은 처음에 전자가 원자의 전체 질량을 결정한다고 생각했다. 가장 단순한 수소 원자를 들어, 질량 없는 양전하 망에 수많은 전자가 박혔을 것이라고 추측했다. 그것이 조지프 톰슨Joseph John Thomson의 '자두 푸딩 모형'(흔히 톰슨의 원자모형이라고 한다—옮긴이)이다. 하지만 실험 결과 원자에서 튀어나온 양전하 알파입자가 발견되고, 질량이 대부분 양전하를 띠는 아주 작은 원자핵에 모여 있다는 사실이 밝혀지면서 그런 생각은 완전히 깨졌다.

이를 바탕으로 덴마크 물리학자 닐스 보어Niels Bohr는 음전하를 띠는 가벼운 전자가 원자핵 주위를 도는, 태양계 생김새와 유사한 원자모형을 내놓았다. 하지만 그의 모형에는 한 가지 문제점이 있었다. 그 생김새대로라면 전자들이 빛 에너지를 방출하면서 원자 중심으로 나선형을 그리며 끌려 들어가야 마땅했기 때문이다. 보어는 전자들이 트랙처럼 놓인 고정된 궤도를 돈다고 가정해서 이 문제를 해결했다. 다시 말해 전자들은 궤도와 궤도 사이에는 존재할 수 없으며, 한 궤도에서 다른 궤도로 움직이려면 양자 비약을 해야 한다는 것이다. 양자 비약은 전자가 감당할 수 있는 최소한의 에너지 변화다.

보어의 양자 비약은 원자가 오직 덩어리(양자)로 빛을 흡수한다는 사실과 잘 들어맞았다. 빛을 내는 물질은 물론, 아주 먼 별들까지 분광기로 원자 구성 요소를 확인할 수 있다는 사실 역시 양자 비약이라는 개념으로 설명이 가능했다. 별에서 발산된 빛의 스펙트럼에는 빛 에너지가 빠진 검은 선이 포함되었다. 이는 별빛이 상호작용 하는 물질 안에서 양자 비약이 일어난다는 것을 의미하며, 별의 화학적 구성 요소를 밝혀내는 '지문'으로 사용된다.

놀라운 사실

수소 원자의 질량은 모두 전자에서 나온다고 가정했을 때 필요한 전자는 **1,837**개다. 하지만 실제 수소 원자의 전자는 한 개뿐이다.

작은 원자 한 개에 들어 있는 전자가 핵 주위를 도는 속도는 **2,000**km/s다. 그런데 이건 다른 구성 요소에 비하면 비교적 느린 속도다. 전자의 속도가 이처럼 빠르기 때문에, 정확한 전자의 작용을 알아내기 위해서는 상대성이론이 필요하다.

함께 생각하기

- 원자를 볼 수 있다면 | 114쪽
- 원자가 비어 있지 않다면 | 122쪽

동시에 두 곳에 존재할 수 있다면

소피 헵든 Sophie Hebden

원자에서는 원래 시공간이 불분명하다. 그렇게 작은 세계에서는 양자의 불확정성이 확실히 드러난다. 전자가 어디에 있는지, 그것이 얼마나 빠르게 움직이는지 정확하게 알아낼 수 없는 것이다. 전자를 추적해 측정하려고 들수록 상황은 심하게 불확실해진다. 양자의 불확실성을 탐구하기 위해 전자를 시험대에 올리는 순간, 전자의 특성은 변질된다. 때로는 마치 점 같은 입자로 작용하고 때로는 먼 거리에서도 영향을 미치는 파장처럼 작용하기 때문에, 전자는 한 번에 두 군데 존재하는 것도 가능하다.

전자 하나가 동시에 한 군데 이상의 장소에 존재할 수 있다는 사실을 최초로 보여준 것은 빛 연구에 몰두한 19세기 영국 과학자 토머스 영Thomas Young이 창안한 이중 슬릿 실험

이다. 한 광원에서 두 슬릿, 즉 두 틈으로 빛을 쏘면 맞은편에 놓인 스크린에는 빛과 어둠이 번갈아가며 놓인 간섭 패턴이 나타난다. 슬릿을 통과한 빛의 파장이 서로 간섭하면서 일부는 강화되고 일부는 무효화되기 때문이다. 이는 웅덩이에 생기는 물결의 파장과 유사하다.

이제 광원을 치우고 전자 하나를 슬릿에 쏘아보자. 전자는 두 슬릿을 동시에 통과하기라도 한 듯, 스스로 간섭을 일으킬 것이다. 그런 식으로 전자를 하나씩 쏘아 보내면 스크린에는 빛을 쏠 때와 마찬가지로 빛과 어둠의 간섭 패턴이 나타난다. 하지만 조심해야 한다. 전자가 어느 슬릿을 통과하는지 관찰하는 순간, 간섭 패턴은 사라지고 스크린에는 입자 작용만 나타날 테니 말이다.

동시에 두 군데 존재하는 게 가능하냐고? 전자에게는 일도 아니다. 하지만 얼마나 큰 물질까지 이런 일이 가능할까? 학자들은 훨씬 큰 물체를 이용한 실험을 통해 양자뿐만 아니라 일상 세계에서도 같은 일이 가능한지 알아보고 있다. 어쩌면 살아 있는 생물까지 적용 가능할 수도 있다. 머지않아 양자적 세계가 도래할는지도 모르겠다.

파동함수는 물질의 파장 작용을 계산식으로 표현한 것으로, 이를 통해 한 입자가 특정 시간에 존재하는 장소의 확률을 계산해낼 수 있다. 하지만 우리가 측정하는 순간, 파동함수는 붕괴되고 입자는 특정한 위치를 '선택'한다. 파동함수의 물리적 실재 여부와, 관찰하는 동안 무슨 일이 일어나 파동함수를 붕괴시키는지(이를 측정 문제라고 한다)에 대해서는 지금도 논란이 분분하다.

놀라운 사실

1927년 미국의 물리학자 클린턴 데이비슨Clinton Joseph Davisson과 레스터 거머Lester Germer가 니켈을 가지고 실험하다가 전자의 파동적 특성을 우연히 발견했다.

가장 큰 파동성 분자를 구성하는 원자는 **430**개다. 이들 분자는 지름이 6nm(나노미터)에 달하며, 작은 바이러스만 하다.

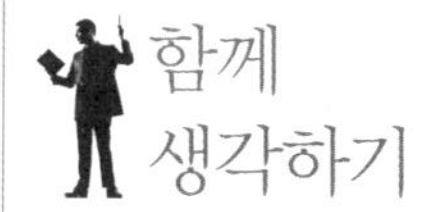

함께 생각하기

- 슈뢰딩거의 고양이가 죽었다면 | 30쪽
- 빛이 파장이 아니라면 | 38쪽

우주에 규칙이 없다면

브라이언 클레그 Brian Clegg

밤에 창밖을 내다볼 때마다 우리는 영국 물리학자 뉴턴을 '멘붕'에 빠뜨리고, 아인슈타인을 끝없이 고민하게 만든 실험의 중심에 선 것이라 할 수 있다. 방 안의 빛은 대부분 창을 그대로 통과한다. 밖에 나가서 보면 그 사실이 분명해진다. 그런데 한밤중의 창은 마치 거울처럼 작용하기 때문에, 빛 가운데 일부는 방 안으로 반사되어 들어간다.

이제 창에 부딪치는 빛의 양자 입자, 즉 광자의 측면에서 생각해보자. 어떤 광자는 반사되고, 어떤 광자는 통과한다. 특정 광자의 운명을 결정짓는 것은 무엇일까? 빛이 미립자로 구성되었다고 생각한 뉴턴은, 입자가 부딪치고 반사되는 것은 유리 상태가 완벽하지 않기 때문이라고 생각했다. 하지만 유리 표면을 닦는다고 해서 반사가 사라지

지 않는다.

이런 일이 일어나는 것은 양자의 임의적 속성 때문이다. 특정 광자의 운명을 구별할 방법은 세상에 없다. 동전 던지기를 해서 앞면이 나올 가능성이 50%이듯, 특정 결과의 가능성을 밝혀낼 수 있을 뿐이다. 물리적 데이터를 모두 아는 상태라면 동전 던지기 결과는 보다 정확히 예측할 수 있다. 하지만 광자의 작용은 말 그대로 무작위다. 특정 방사성 입자가 붕괴할 때 나타나는 양상도, 양자 차원에서 일어나는 수많은 일들도 무작위다.

이에 몹시 화가 난 아인슈타인은 막스 보른에게 말했다. "방사선에 노출된 전자가 자신이 뛰쳐나올 순간뿐만 아니라 그 방향까지 제멋대로 선택한다는 생각을 하니 도무지 참아줄 수가 없군. 이런 식이라면 물리학자로 사느니 차라리 구두 수선공이나 도박장 사환으로 사는 게 낫겠어." 아인슈타인이 그 유명한 한 마디, "신은 주사위를 던지지 않는다"고 말한 것도 불확실성을 무척 싫어했기 때문이다.

진짜 그렇다면?

전자의 불확실성에 불쾌해진 아인슈타인은 양자론의 오류를 증명하고자 일련의 사고실험을 내놓았다. 그러나 그의 사고실험은 반대파 학자들에게 번번이 깨지고 말았다. 결국 아인슈타인은 양자론에 오류가 있으며 드러나지 않은 정보가 있다는 자신의 생각이 틀렸다면, 두 입자가 아주 먼 거리에서도 즉시 소통할 수 있는 것이라고 결론 내렸다. 이론이 틀렸다는 것을 증명하려다 양자론에서도 가장 기묘한 존재, 바로 양자 얽힘이 탄생한 것이다.

놀라운 사실

이중 유리로 된 창에 부딪쳐 방 안으로 반사되는 빛은 **22**%다.

1935년, 아인슈타인은 러시아 출신 물리학자 보리스 포돌스키Boris Podolsky, 미국 물리학자 네이선 로젠Nathan Rosen과 함께 「물리적 실재에 대한 양자역학적 설명을 완벽하다고 할 수 있는가?Can Quantum-Mechanical Description of Physical Reality Be Considered Complete」라는 논문을 발표했다. EPR라고 알려진 이 논문은 양자의 불완전성을 일축하려는 시도에서 나온 것이다.

함께 생각하기

- 양자 비(도)약이 가능하다면 | 18쪽
- 별들에게 눈 깜짝할 새 신호를 보낼 수 있다면 | 34쪽

슈뢰딩거의 고양이가 죽었다면

사이먼 플린 Simon Flynn

덴마크 물리학자 닐스 보어는 양자론의 창시자 중 한 사람으로, "양자론을 처음 접하고도 충격을 받지 않는다면 양자론을 제대로 이해했다고 볼 수 없다"고 말했다. 과학자들을 특히 어리둥절하게 만든 것은, 양자론에서는 관찰할 때만 현실이 확정된다는 사실이었다. 아원자상 사건의 핵심을 확률이라고 보는 이런 관점은 이전 물리학자들의 생각과 완전히 반대되는 것이었다.

양자론이 탄생한 때부터 약 150년 전, 프랑스 과학자 피에르 시몽 라플라스Pierre Simon Marquis de Laplace는 우주에 존재하는 각 입자의 위치와 속도를 정확히 알아낼 수 있다면 우주의 과거나 미래를 계산할 수 있다고 주장했다. 이 말은 우리가 시계처럼 작동하는 우주에 살고 있다는 뜻이다. 그러나 양자론에서는 전자가 파장이면서 입자의 속성이 있는

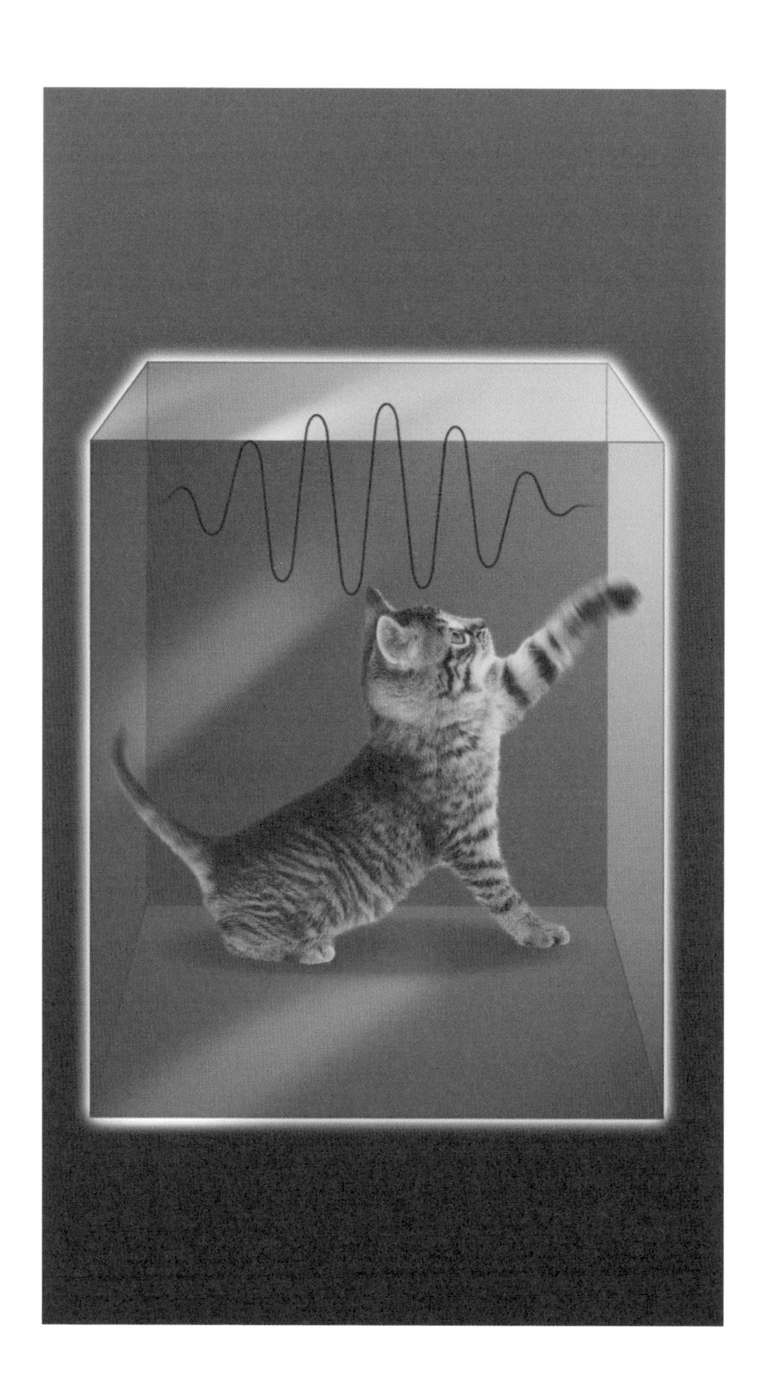

물질파의 한 종류라는 사실을 밝혀냈다.

1926년, 오스트리아의 물리학자 에어빈 슈뢰딩거Erwin Schrödinger는 물질파가 확률파라는 사실을 명백하게 보여주는 방정식을 내놓았다. 이제 입자는 위치 예측이 불가능하며, 오직 확률로 존재하게 된 것이다. 보어와 그의 동료들은 이 확률이 입자가 관찰될 때만 확정된다고 주장해 양자론의 특성을 명확하게 규명했다.

하지만 양자론을 공식화한 슈뢰딩거는 보어의 설명을 못마땅하게 생각했다. 급기야 그 주장이 얼마나 말도 안 되는 이야기인지 보여주겠다며 특별한 사고실험을 제안했다. 밀폐된 금속 상자에 방사선 물질 소량과 고양이를 넣어 둔다. 한 시간이 지나는 사이 방사선 물질의 원자는 붕괴하거나 붕괴하지 않거나, 두 가지 가능성이 동등하게 존재한다. 붕괴가 일어나면 고양이에게 치명적인 독성 물질이 방출될 것이다. 하지만 상자 안을 들여다보기 전에 고양이의 상태는 확률로 존재할 뿐이다. 고양이는 살았을 수도, 죽었을 수도 있다. 슈뢰딩거 입장에서는 말도 안 되는 소리였다. 역설적이게도 양자론의 불합리함을 입증하기 위해 설계된 이 사고실험 덕에 양자론은 더욱 유명해졌다.

양자론에 관해 설명한 과학자들이 모두 현실을 확정하는 전제 조건으로 관찰을 둔 것은 아니다. 미국 물리학자 휴 에버렛Hugh Everett 3세가 내놓은 다중 세계 해석에서는 상자 안에 고양이가 살아 있는 현실과 죽은 현실이 동시에 존재한다고 설명한다. 두 현실은 완전히 분리되었고, 동등하게 실재하며 영향을 주고받을 수 없다.

놀라운 사실

양자 자살quantum suicide은 고양이 실험을 보다 발전시켜 만들어낸 사고실험이다.

고양이 사고실험의 또 다른 확대판인 '위그너Eugene Paul Wigner의 친구'라고 알려진 사고실험에서는 관찰자 **2**명이 등장한다. 한 관찰자는 슈뢰딩거의 실험을 수행하고, 또 다른 관찰자는 그 결과에 대한 정보를 받는 역할이다.

함께 생각하기

- 동시에 두 곳에 존재할 수 있다면 | 22쪽
- 우주에 규칙이 없다면 | 26쪽
- 빛이 파장이 아니라면 | 38쪽

별들에게 눈 깜짝할 새 신호를 보낼 수 있다면

소피 헵든 Sophie Hebden

동전같이 작은 물건을 한 손에 숨기고 두 주먹을 내밀어서 어디에 있는지 맞히는 게임을 생각해보자. 처음에 오른손이 비었으면 왼손에 동전이 있는 게 당연하다. 이제 동전 두 개로 게임을 해보자. 상대방이 주먹을 고르면 당신은 동전을 내보인다. 어쩌면 동전은 앞면이 보이게 놓였을 것이고, 이 결과와 무관하게 다른 손에 있는 동전이 뒷면이 보이도록 놓였을 확률은 50%다. 그런데 두 번째 동전을 확인할 때마다 첫 번째와 반대되는 결과가 나온다면 얼마나 이상할까.

두 양자 입자가 얽히면 이런 일이 일어난다. 첫 번째 입자의 상태를 확인하면 두 번째 입자의 상태가 자동적으로 결정되는 것이다. 이를테면 수직으로 편향된 광자에 얽힌 또 다른 광자는 수평으로 편향되었다. 얽힌 두 입자의 거리

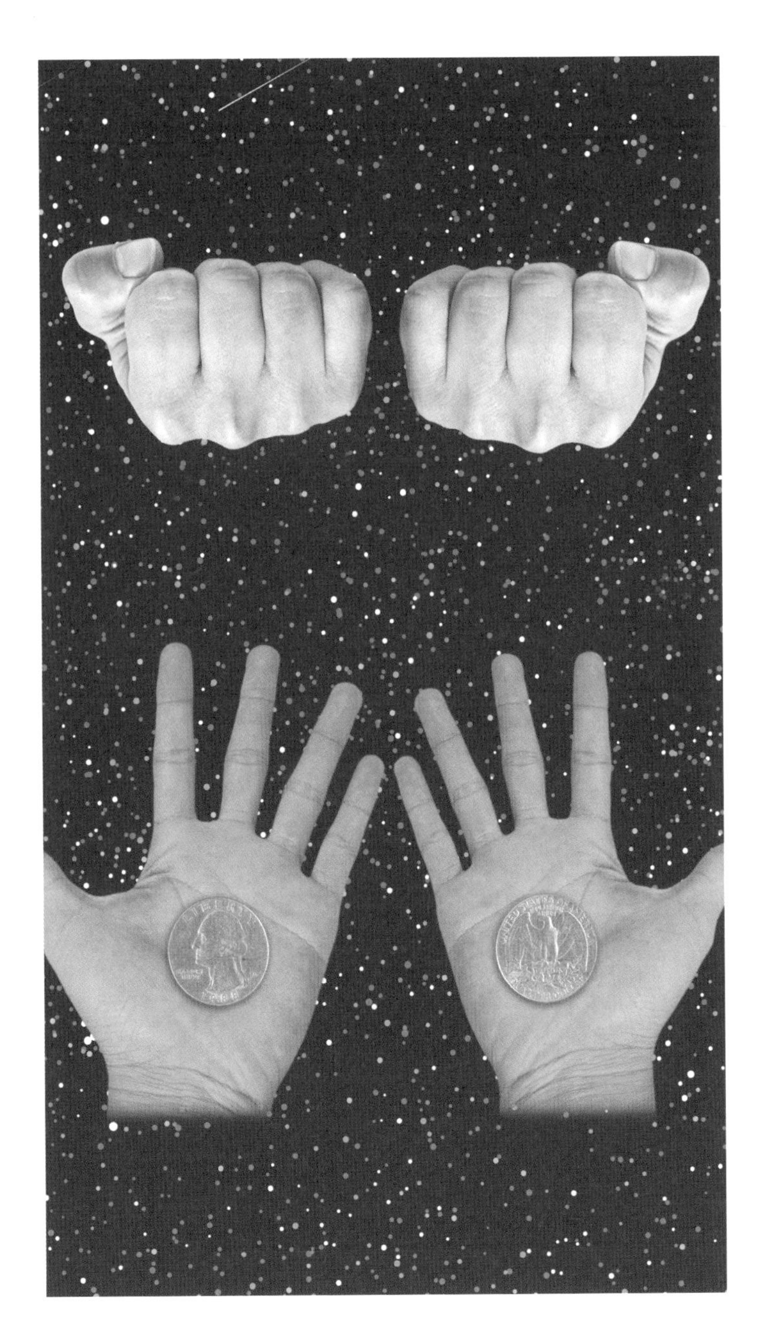

는 전혀 문제가 되지 않는다. 거리와 상관없이 두 입자가 한 몸처럼 작용하는 것이다. 양자 얽힘은 1935년, 오스트리아 물리학자 에어빈 슈뢰딩거가 상호작용을 하다 서로 떨어진 양자 입자에 일어나는 작용을 설명하려다 처음 내놓은 개념이다. 아인슈타인은 이 '으스스한 원거리 작용'을 선뜻 받아들이지 못했고, 양자역학에 오류가 있는 게 틀림없다고 선언했다. 어떻게 한 입자의 상태가 눈 깜짝할 새 우주를 건너 다른 입자에게 전달될 수 있느냐는 것이다.

실제로 빛보다 빠르게 이동하는 비밀 신호 같은 건 없다. 다만 얽힌 시스템 안에서 입자 하나를 측정하면 다른 입자 상태의 가능성은 한 가지밖에 남지 않으며, 우리는 정해진 값을 손에 넣는 것이다. 한 손이 비었으면 다른 손에 동전이 있다는 사실을 아는 게임처럼 말이다.

80년 가까이 세월이 흐른 지금 양자 얽힘은 우리 생활 깊숙이 스며들었고, 다입자계를 비롯한 실험으로 더욱 정교해졌으며, 더 넓은 분야로 뻗어가고 있다. 상당수 연구는 양자 얽힘을 제대로 써먹을 방법을 찾아내는 데 초점을 맞춘다. 양자 컴퓨터와 양자 암호가 양자 얽힘을 활용한 예다.

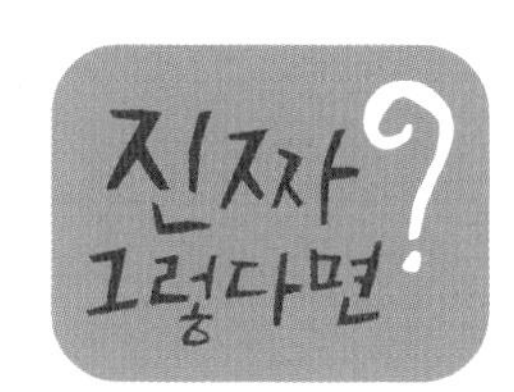

얽힘은 빛보다 빠른 초광속 효과지만, 그것을 이용해 초광속으로 신호를 보낼 수 있다는 뜻은 아니다. 얽힘 속에서 실제로 이동하는 것은 없으므로, 빛보다 빠른 속도로 정보를 보낸다든지 하는 일은 불가능하다. 하지만 이를 이용해 초강력 보안 신호체계를 만들어 얽힘 상태의 광자를 수신자에게 보낼 수는 있다. 얽힌 상태에서는 아무리 몰래 관찰한다 해도 관찰하려는 시도 자체가 신호에 영향을 미치고, 그 사실은 사용자에게 알려진다. 양자 키 암호는 이런 원리를 바탕으로 데이터를 암호화하는 기술로, 얽힌 광자의 유효 작용 거리가 해결 과제로 남았다.

놀라운 사실

얽힘이 자유 공간(중력 전자장이 존재하지 않는 절대 영도 공간—옮긴이)을 지나면서도 유효하게 유지되는 최대 거리는 **144**km다. 카나리아Canaria 제도의 섬 사이 거리 정도라고 할 수 있다.

양자 컴퓨터에 활용된 양자 얽힘 가운데 최고 기록은 **14**개다.

양자 암호 키 전송을 위한 섬유광학 케이블 개발에 전념하는 도시는 **베이징, 런던, 도쿄**다.

함께 생각하기

- 슈뢰딩거의 고양이가 죽었다면 | 30쪽
- 인간 전송이 가능하다면 | 42쪽

빛이 파장이 아니라면

1801년, 영국의 과학자 토머스 영은 이중 슬릿 간섭 실험으로 빛이 파장이라는 사실을 증명했다. 불투명한 재료로 만든 판에 구멍이나 긴 홈 두 개를 뚫고 한쪽에는 광원을, 반대쪽에는 스크린을 설치해 진행하는 실험이다. 광원에서 빛이 나오자 스크린에는 빛과 어둠이 교차하는 패턴이 나타났다. 빛 파장이 겹치며 서로 간섭을 일으켜, 물이나 음파 같은 패턴을 만들어낸다는 사실이 입증된 셈이다. 이보다 확실한 증거는 없었다. 하지만 모두 그 결론에 만족한 것은 아니다.

1900년 독일 물리학자 막스 플랑크의 흑체복사 이론이 등장하면서 불만이 시작되었다. 흑체복사 이론은 물체가 아주 작고 개별적인 덩어리, 즉 '에너지 양자'(양자quunta는 라틴어의 '얼마나 많은'이라는 말에서 따온 것이다) 단위로 전자기파를 흡수하거나 방출한다는 내용이다. 당시 사람들은 엘리베이터가 오르락내리락하듯 에너지도 부드럽고 연속적으로 증감한다고 생각했는데, 에너지가 깡충깡충 뛰듯 변한다는 사실이 밝혀진 것이다.

과학자들은 흑체복사 이론을 계기로 지난 30년간 알쏭달쏭하게 여겨지던 광전효과를 제대로 이해했다. 그리고 여러 가지 금속에 전자기파를 쏘면, 금속 표면에서 전자가 방출된다는 사실을 실험으로 입증했다. 이 실험에서 도출된 결과는 놀라웠다. 빛의 강도가 달라지면 방출되는 전자의 수가 달라졌기 때문이다. 빛의 강도가 낮으면 전자 수도 적어지는 것이다. 하지만 방출된 전자 각각의 에너지는 동일했다.

1902년 독일 물리학자 필리프 레나르트Philipp Eduard Antoine Lenard는 빛의 진동수(혹은 색상)가 바뀌면 방출되는 전자의 에너지도 영향을 받는다는 사실을 증명했다. 진동수가 많으면 에너지도 커진다는 것이다. 그런데 진동수를 줄이다 보면 전자가 전혀 방출되지 않는 시점이 있었으며, 한계주파수라고 하는 이 최소 진동수는 금속 종류에 따라 달라졌다. 예를 들어 세슘에 노란빛을 비추면 전자가 방출되지만, 백금에 비추면 방출되지 않는다.

빛이 파장이라면 이해가 되지 않는 현상이었다. 파동설에서는 빛의 강도가 커질수록 파동의 진동수도 많아진다고 했다. 그러면 방출된 전자의 운동에너지도 증가해야 마땅했다. 하지만 실제로 진동수는 운동에너지에 영향을 미치나, 빛의 강도에는 영향을 미치지 않았다. 게다가 광원에서 아무리 밝고 강한 빛이 나와도 진동수가 한계점 근처에 도달하면, 전자는 한 개도 방출되지 않았다.

1905년 아인슈타인이 막스 플랑크의 양자론을 광전효과에 적용하자, 수수께끼의 답이 나왔다. 아인슈타인은 빛이 빛 에너지 양자, 즉 광자로 구성되었다고 주장했다. 광자 에너지는 빛의 진동수에 따라 달라진다. 빛의 강도가 증가하면 광자의 수가 늘어나지만, 각 광자 에너지의 양은 변하지 않는다. 하지만 빛의 진동수가 증가하면 각 광자

에너지의 양도 늘어난다. 이는 광전효과에 대한 완벽한 설명이다.

같은 해 아인슈타인은 원자의 존재를 증명했고, 특수상대성이론을 창안했다. 그러나 1921년 그에게 노벨 물리학상을 안겨준 것은 광전효과에 대한 연구다.

인간 전송이 가능하다면

브라이언 클레그 Brian Clegg

떨어진 상태에서도 한 몸처럼 작용하는 두 양자 입자의 상호작용을 양자 얽힘이라고 한다. 공상과학소설에 순간 이동 장치라는 매력적인 물건이 등장한다. 가능성이 희박하지만, 그런 장치가 가능하다면 어디까지나 양자 얽힘 덕일 것이다.

양자 얽힘을 이용하면 형체가 있는 물체를 정보 상태로 전환해서, 두 장소 사이의 공간을 지나지 않고도 이곳에서 저곳으로 이동할 수 있다. 미국 TV 시리즈 '스타트렉Star Trek'에 나오는 순간 이동 장치는 우주선 착지 장면을 만드는 데 특수 효과 비용을 절약하기 위해서 고안한 것이다. 당시 드라마 작가들은 실제 순간 이동이 가능해질 수도 있으리라는 사실을 전혀 몰랐다.

'스타트렉'에 등장하는 커크 함장부터 바이러스까지 만

물은 양자 입자의 덩어리며, 양자 입자는 그 상태를 바꾸지 않고는 측정이 불가능하다. 당연히 양자 입자를 완벽히 복제하기는 어려워 보인다(사람들은 이를 '복제 불가 정리'라고 부른다). 그러나 이 한계는 양자 얽힘으로 해결할 수 있다.

얽힌 입자 한 쌍이 각기 공간 이동을 시작할 장소와 도착할 장소에 있다고 생각해보자. 첫 번째 얽힌 입자는 당신이 전송하고자 하는 입자와 상호작용 하도록 되어 있다. 그놈을 제임스라고 부르자. 전송 과정에서 '제임스' 입자의 독자성이 사라지면서 순간 이동 장치의 수신부에 전달될 몇 가지 정보가 생성된다. 이 정보를 이용해 수신부의 얽힌 입자가 완성되면 제임스의 복제품이 탄생한다. 제임스에 관한 모든 정보를 알지 못해도 가능한 일이다. 눈에 보이지 않는 얽힘 고리를 따라 이동한 것은 제임스에 관한 일부 정보다. 으스스한 얽힘 고리는 눈 깜짝할 새 나타나는 것이니 빛보다 빠른 속도로 물체를 보내는 꿈을 이룰 수 있겠다는 생각이 들 수도 있다. 하지만 과정상 종전의 정보 전송 방식이 일부 포함되므로, 빛의 속도 혹은 그보다 조금 느린 속도가 최선일 것이다.

'스타트렉'에 나오는 것처럼 양자 원거리 이동을 이용해 인간을 전송할 수 있다 해도, 그리 멋진 이동 방식이라는 생각은 들지 않는다. 물체의 구성 요소를 이곳에서 저곳으로 이동하는 게 아니라, 완벽한 복제품을 만들어내고 원래의 물체를 없애는 방식이기 때문이다. 새로운 우리는 원래의 우리와 구별되지 않으며, 우리의 기억과 정신을 고스란히 가질 것이다. 어쨌거나 원래의 우리가 완전히 사라지는 일은 피할 수 없다.

2004년 오스트리아 물리학자 안톤 자일링거Anton Zeilinger 연구 팀은 얽힌 광자를 도나우Donau강 건너로 순간 이동하는 데 성공했다. 이 실험을 통해 연구소 환경과 동떨어진 원거리에서도 순간 이동이 가능하다는 사실이 입증되었다.

1초에 원자 10억 개를 스캔하는 속도라도 인간의 원자를 몽땅 순간 이동하는 데는 2,000억 년이 걸릴 것이다.

- 별들에게 눈 깜짝할 새 신호를 보낼 수 있다면 | 34쪽
- 양자 계산이 가능하다면 | 46쪽

양자 계산이 가능하다면

브라이언 클레그 Brian Clegg

우리가 매일같이 마주하는 컴퓨터들은 정보를 비트라는 기본 단위로 쪼개서 다룬다(0과 1로 구성된 이진법의 축소판이다). 그러므로 전통 방식 컴퓨터는 비트로 처리할 수 있는 정보의 양과 그 정보에 접근하는 데 걸리는 시간만큼 속도의 한계가 있다. 하지만 양자물리학은 정보를 스핀 등의 양자 입자 상태로 저장하기 때문에 완전히 새로운 차원의 비트가 탄생한다.

특정한 방향으로 움직이는 양자 입자의 스핀을 측정하면 늘 업 혹은 다운으로 나타난다. 그 값이 어떻게 나타날지 예측할 수는 없다. 측정하기 전에는 양쪽 상태 모두 존재하기 때문이다. 하지만 업일지 다운일지 확률은 계산할 수 있다. 아마도 업이 60%, 다운이 40%일 것이다. 양자 입자(큐비트qubit라고 부른다)의 상태를 비트처럼 사용한다면

큐비트는 0과 1 대신 복잡한 방향 정보, 즉 굉장히 긴 십진법 값을 보유해 컴퓨터의 기능이 엄청나게 향상할 것이다.

물론 큐비트를 활용해 계산하는 일은 쉽지 않다. 많은 연구 팀이 양자 컴퓨터를 연구하지만, 이 새로운 컴퓨터가 할 수 있는 일은 '15의 인수는 무엇인가?' 처럼 비교적 단순한 문제를 해결하는 일뿐이다. 큐비트를 안정적인 상태로 유지하는 일이 그만큼 어렵기 때문이다. 그래서 현존하는 양자 컴퓨터는 대개 전통 PC의 작업 메모리에 있는 수많은 비트에 비하면 얼마 되지 않는 큐비트를 탑재하고 있지만, 결국 규모는 커질 것이다.

정보 입출력 문제도 양자 컴퓨터가 해결해야 할 과제다. 할 일은 많지만, 양자 정보를 변질시키지 않고도 입자 공유가 가능한 양자 얽힘 현상이 이 모든 것을 실현해줄 열쇠임에 틀림이 없어 보인다.

아직 쓸 만한 양자 컴퓨터가 개발되지는 않았지만, 우리에게는 수학적 알고리즘이 있다. 양자 컴퓨터를 작동하고, 어떤 전통 컴퓨터에도 뒤지지 않을 적당한 크기의 양자 컴퓨터를 만들 수 있게 해주는 것이 알고리즘이다. 알고리즘은 엄청 많은 수에서 소수 인자를 쉽게 찾도록 도와준다. 이를 이용해 현존하는 대다수 컴퓨터의 암호 체계를 깰 수 있다. 또 '알고리즘 짚 더미에서 양자 바늘 찾기'를 통해 체계도, 색인도 없는 너저분한 데이터 속에서 정보를 훨씬 빠르게 찾을 수 있다.

놀라운 사실

양자 컴퓨터가 '알고리즘 짚 더미에서 양자 바늘 찾기'를 통해 탐색 작업을 할 때 필요한 작업 횟수는 **1,000**번이다. 종전 컴퓨터로 같은 작업을 처리하려면 최대 100만 번까지 시도해야 한다(평균 50만 번).

최초로 작동한 양자 컴퓨터의 큐비트 수는 **2**다. 이 컴퓨터로 단순한 알고리즘을 구동할 수 있었다.

함께 생각하기

- 별들에게 눈 깜짝할 새 신호를 보낼 수 있다면 | 34쪽
- 인간 전송이 가능하다면 | 42쪽

최소 거리가 있다면

로드리 에반스 Rhodri Evans

우리는 보통 시간과 공간이 연속적이라고 생각한다. 그 말은 이론상 점점 더 짧은 거리와 짧은 시간을 측정할 수 있다는 뜻이다. 하지만 이는 사실이 아닐지도 모른다.

시간과 공간은 아주 작은 정해진 크기의 뭉치로 꾹꾹 눌려 양자화 되었으며, 거기에는 자연 속에서 가장 짧은 거리와 가장 짧은 시간이 존재한다. 이를 가리켜 플랑크 길이라고 부르며, l_p로 표시한다. 플랑크 시간은 t_p로 표시한다.

플랑크 길이는 플랑크상수와 만유인력상수, 빛의 속도를 결합한 거리를 바탕으로 한다(플랑크상수는 광자 에너지 대 파동의 비율을 설명하는 불변 값이다. 만유인력상수는 중력 법칙에서 질량과 거리에 작용하는 힘의 비율을 나타내는 불변 값이다). 플랑크 길이는 약 1.5×10^{-35}m이며, 이는 1플랑크 시

간에 빛이 이동하는 거리에 해당한다. 플랑크 길이를 1×10^{-15}m 크기인 양성자와 비교한다는 것은, 양성자와 100km를 비교하는 것과 거의 비슷하다.

플랑크 시간 역시 플랑크상수와 만유인력상수, 빛의 속도의 조합으로 탄생한 것이지만, 플랑크 길이에서처럼 광속의 3승이 아니라 5승으로 나눈다는 차이가 있다. 플랑크 시간은 약 5.5×10^{-44}초다. 1/1,000,000,000초는 우주의 길고 긴 나이에 비하면 하찮기 그지없다. 하지만 우주나이와 1/1,000,000,000초의 비율(1/1,000,000,000초÷우주나이)을 플랑크 시간과 1/1,000,000,000초의 비율(플랑크 시간÷1/1,000,000,000초)과 비교하면, 그 값이 무려 1000만배나 크다. 플랑크 시간이 그만큼 짧다는 얘기다.

그처럼 가까운 거리와 짧은 시간에는 분명 고전 이론이 아니라 시공간의 양자 이론이 필요할 것이다. 그러나 중력의 양자론 연구가 50년 이상 계속되었음에도 우리가 이해하는 것은 별로 많지 않다. 그래서 플랑크 시간보다 짧은 빅뱅 최초의 순간 역시 제대로 이해하지 못하는 것이다.

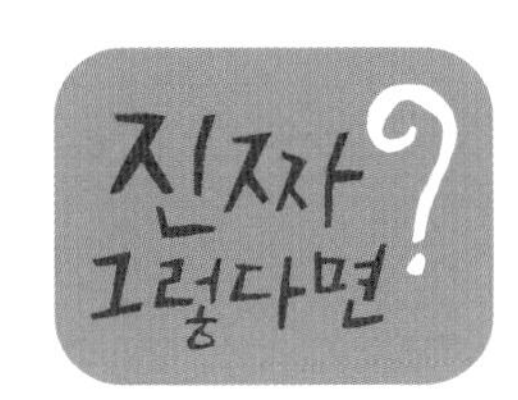

양자 중력에 관한 이론에서는 보통 플랑크 길이 차원에서 볼 때 시공간은 '거품' 과 같다고 말한다. 이론상 1플랑크 길이로 나눈 두 공간은 아무리 자세히 들여다봐도 구분할 수 없다. 이와 마찬가지로 1플랑크 시간으로 나뉜 두 사건 역시 아무리 정밀하게 측정해도 동시에 일어난 것처럼 보일 뿐이다.

놀라운 사실

현재 학자들은 블랙홀의 중심 밀도가 **무한대**일 것이라고 추산한다. 하지만 물리학에서 무한성은 이론상의 문제를 야기하므로, 블랙홀의 중심을 이해하기 위해서는 플랑크 길이를 감안해야 하며 양자 중력이론이 필요하다.

현재 학자들은 우주가 탄생했을 때 크기가 **0**이었을 것이라고 생각한다. 탄생하는 순간 우주의 밀도는 무한했다. 하지만 플랑크 길이를 감안하면 0이라는 거리는 존재할 수 없으므로, 우주의 탄생을 제대로 이해하기 위해서는 시공의 양자론이 필요하다.

함께 생각하기

- 동시에 두 곳에 존재할 수 있다면 | 22쪽
- 만물이 끈으로 되어 있다면 | 142쪽

02 Relativity & Time Travel

상대성과 시간여행

단순히 말해 상대성이란 운동이 상대적이라는 사실을 관찰한 것에 지나지 않는다. 무엇인가가 100m/s 속도로 움직인다는 말은 그 물체를 다른 것과 비교했을 때 의미가 있다. 보통은 지표면에 비해서 100m/s 라는 뜻일 것이다. 하지만 아인슈타인은 빛에 대해 고민하다가 이 개념에 문제가 있다는 결론을 내렸다.

상대성에 관한 아인슈타인의 첫 모험, 즉 특수상대성이론은 당시 새롭게 등장한 빛의 개념에 근거한 것이었다. 19세기 스코틀랜드Scotland의 물리학자 제임스 클러크 맥스웰James Clerk Maxwell은 빛이 자기와 전기의 상호작용이라는 사실을 밝혀냈다. 그는 움직이는 전기가 움직이는 자기를 만들고, 그 움직이는 자기가 또 움직이는 전기를 만드는 일련의 과정을 설명했다. 이는 스스로 자신을 이끄는 자립적인 과정이다. 자기파가 자립적인 전기파를 만들고, 그 자기파가 또 전기파를 만들고… 이런 식으로 쭉 이어지며 존재하는 것이 빛이다. 하지만 이 이론은 빛이 특정 물질에서 빛의 속도로 움직인다는 가정 아래 성립된다. 자기와 전기가 자립적이려면 속도가 변하지 말아야 한다.

아인슈타인은 빛줄기와 같은 속도로 나란히 날아가는 상상을 했다. 그에게 빛은 움직이지 않는 듯 보일 것이다. 그러다 속도가 틀어지면 빛은 아예 존재할 수 없다. 눈앞에서 사라지는 것이다. 물체가 빛줄기를 향해 다가오든 멀어지든 언제나 속도가 결합되며, 속도가 잘못되면 빛은 별안간 존재하지 않는다. 이 모든 사실을 근거로 아인슈타인은 우리의 움직임과 상관없이 빛의 속도가 늘 일정하다는 결론을 내렸다.

이 독특한 작용을 운동방정식에 대입하면 기묘한 일이

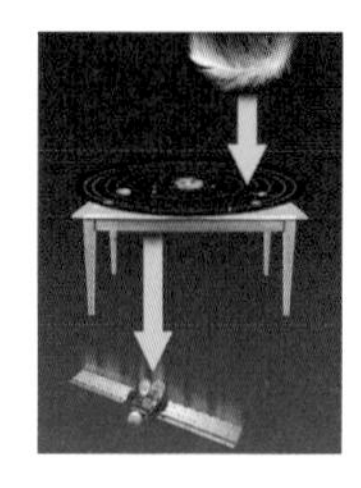

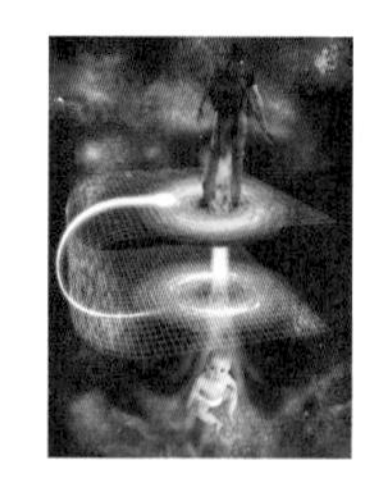

벌어지기 시작한다. 한 항이 고정되었기 때문에 다른 항들이 달라질 수밖에 없다. 빛의 속도가 일정하면 움직이는 물체는 더 많은 질량을 얻고, 움직이는 방향으로 수축되며, 시간은 느려진다. 이것이 특수상대성이론이다. 아인슈타인은 이 이론을 확장해, 중력이란 시공간의 뒤틀림이라고 설명하는 일반상대성이론을 내놓았다.

아인슈타인의 상대성이론에서 나온 가장 매력적인 결과물은 시간 여행이 가능할지도 모른다는 사실일 것이다. 놀랍게도 물리법칙에서 시간 여행을 불가능하게 할 만한 요소는 전혀 없다. 아주 빠르게 움직여 시간이 느려지게 하면 미래로 갈 수 있고, 시공간을 조정하면 과거로도 갈 수 있다. 지금부터 신나는 시간 여행을 시작해보자.

미래로 갈 수 있다면

로드리 에반스 Rhodri Evans

아인슈타인의 특수상대성이론은 시공간 개념에 혁명을 일으켰다. 이 이론에 따르면 시간은 상대적이며, 우리의 움직임에 따라 다른 속도로 흐른다. 우리가 빛의 속도에 근접하면 시간은 느리게 흐르기 시작한다. 이를 '시간 지체'라고 한다. 광속의 75%까지 높여도 크게 지장 없는 수준이다. 하지만 빛의 속도에 점점 가까워지면 시간 지체는 훨씬 커진다. 그러다 진짜 빛의 속도로 움직이면 시간은 사실상 멈춘다. 미래로 가는 시간 여행이 가능하다면 시간 지체 덕이다.

시간이 느려지면 어떤 일이 일어나는지는 '쌍둥이 역설'을 통해 잘 알 수 있다. 쌍둥이 중 한 명이 자기 시계와 달력에 맞춰 10년 동안 우주여행을 한다고 가정해보자. 우주선은 여행 내내 광속에 근접한 속도로 비행한다. 당연

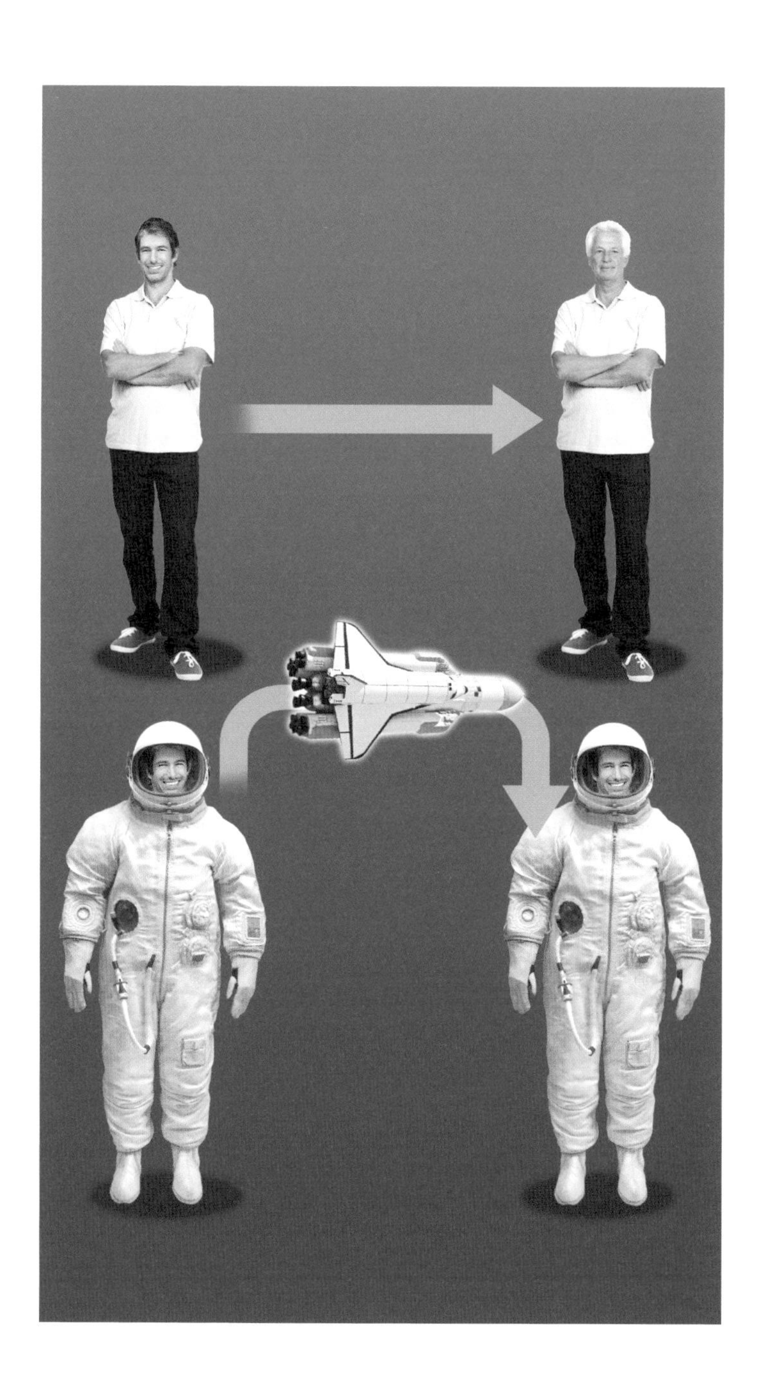

히 그의 시간은 지구에 남은 쌍둥이보다 느리게 흐르고, 지구로 돌아왔을 때 그는 남은 쌍둥이보다 젊을 것이다. 여행 속도가 빛의 속도와 완벽하게 일치했다면 지구의 시간은 40년이 흘렀을 것이고, 두 쌍둥이는 서른 살 차이가 난다.

공상과학소설에나 등장하는 이야기가 아니다. 고에너지 우주선으로 인해 지구 대기에 생성되는 뮤온이라는 입자가 땅에 도착할 때면 늘 그와 같은 현상이 일어나기 때문이다. 뮤온은 본래 지표면에 도달하기 전에 붕괴되어야 하지만, 이동 속도가 빨라 시간이 느려지고, 그 결과 미처 붕괴되기 전 땅에 도달한다. GPS에서 지구 주위를 도는 인공위성 역시 3.1km/s(11,000km/h)로 빠르게 움직이기 때문에, 시간 지체 현상을 염두에 두어야 한다. 광속에 가까운 속도로 여행할 수만 있다면, 영화 '백 투 더 퓨처Back To The Future'의 주인공 마티 맥플라이처럼 곧장 미래로 뛰어드는 건 일도 아니다.

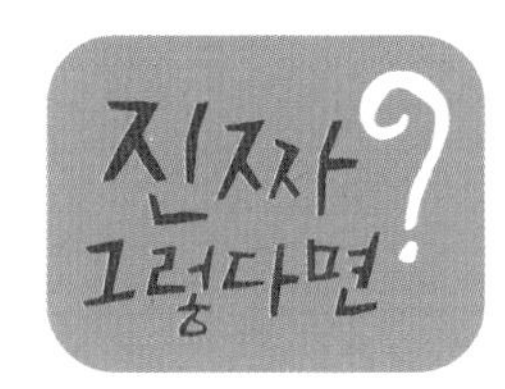

시간 지체 현상 덕에 할 수 있는 놀라운 일이 하나 더 있다. 시간 지체의 영향력이 커질 정도로 빠르게 움직일 수만 있다면, 다른 은하로 여행하는 것도 가능하다. 가장 가까운 은하까지 거리가 4.2ly(광년)이지만, 시간을 1/4로 늦출 만큼 빠른 속도로 여행할 수 있다면(광속의 약 97%에 해당하는 속도다) 1년 뒤 도착한다. 물론 그사이 지구의 시간은 4년이 흘러갈 것이다.

놀라운 사실

광자가 이동하는 데 걸리는 시간은 **0**초다. 아무리 먼 거리여도 마찬가지다. 광자는 빛의 속도로 이동하기 때문에 언제나 시간이 멈춰 있고, 당연히 걸리는 시간도 0이다. 광자는 늘 순식간에 이동한다.

2018년 화성 여행 계획을 세우고 기금을 모으는 사람들이 있다. 3.5km/s(12,600km/h)로 움직일 때 화성에 도착하는 데 걸리는 시간은 501일이다. 하지만 그보다 10배로 속도를 낼 수 있다면 시간 지체 덕에 **3/100**초에 도착할 것이다.

함께 생각하기

- 과거로 여행할 수 있다면 | 62쪽
- 워프 스피드가 가능하다면 | 74쪽

과거로 여행할 수 있다면

브라이언 클레그 Brian Clegg

이론물리학자들은 공학 기술 문제만 해결하면 과거로 여행하는 것이 가능하다고 말한다. 음에너지로 시공간의 두 지점을 연결하는 웜 홀을 만들어 그 안을 통과하면 된다. 문제는 웜 홀이란 어디까지나 이론일 뿐, 그걸 본 사람이 아무도 없고, 어떻게 만드는지 아무도 모르며, 그 통로를 안전하게 통과하는 방법 역시 전혀 모른다는 점이다. 그러고 보니 음에너지를 많이 만드는 법도 모른다.

웜 홀이 어렵다면 중성자별 여러 개를 끌어다 원통형으로 만들고, 그 원통을 아주 빠른 속도로 돌려 웜 홀 대신 쓸 수도 있다. 원통을 따라 날아가면 시간 터널을 지나 과거로 갈 수 있지만, 이 경우에도 문제는 있다. 우리 우주 바깥에는 중성자별이 수두룩하다. 하지만 타임머신을 만

들기 위해서는 수백 ly 거리를 건너가 중성자별을 열 개쯤 끌어당겨 원통을 만들어야 한다. 자꾸 둥글어지면서 붕괴해 블랙홀이 되려고 하겠지만 어떻게든 말려야 한다. 그러고 나서 원통을 엄청나게 빠른 속도로 돌려야 한다.

이론상으로 별문제 없이 할 수 있는 일이지만, 오늘날 과학기술로는 어림도 없다. 수백만 년은 족히 지나야 가능할까? 설령 그런 장치를 만드는 데 성공한다 해도 그것을 타고 공룡을 만나러 갈 수는 없다. 왜냐하면 기계를 처음 켠 시점이 여행 가능한 가장 먼 과거이기 때문이다. 이건 시간을 되돌리는 장치가 아니다. 시간이 조금 느리게 흐르는 장소로 뛰어드는 것을 도와줄 뿐이다. 시간이 멈춘 상자가 있다고 상상해보자. 장치를 작동하고 1년이 지나면 상자 속 시간은 우리의 시간보다 1년이 늦을 것이다. 그 상자의 세계로 뛰어들면 1년 전으로 여행이 가능하지만, 그보다 먼 과거로는 갈 수 없다. 그래서 공룡은 만나러 갈 수 없는 것이다.

과거로 가면 타임 패러독스가 일어날 것이다. 예를 들어 우리가 태어나기도 전으로 가서 부모님을 죽게 하면 어떤 일이 벌어질까? 우리는 이 세상에 존재할 수 없을 텐데, 과연 현재로 돌아오는 게 가능할까? 혹은 지금 읽는 이 책을 과거의 작가들이 손에 넣고 일부 내용을 베낀다면? 그렇다면 이 책을 쓴 사람을 누구라고 할 수 있을까? 시간 여행이란 평행 우주를 이동하는 것이라고 설명하는 게 가장 적합하다고 주장하는 학자들도 있다.

놀라운 사실

포도 알만 한 중성자별 하나의 무게는 **1**억 t이다.

인류 역사상 가장 빠른 이동 수단인 아폴로 10호를 타고 1ly 가는 데 걸리는 시간은 **2**만 **7,000**년이다.

일반상대성이론에 따르면 회전하는 물질은 시공간을 끌어당긴다. 마치 꿀에 숟가락을 넣어 휘저을 때와 같은 모습처럼 말이다. 이를 가리켜 **틀 끌림**이라고 한다. 원통을 돌리면 시공간의 통로가 생기는 것도 같은 원리다.

함께 생각하기

- 미래로 갈 수 있다면 | 58쪽
- 평행 우주가 존재한다면 | 134쪽

시간이 거꾸로 흐른다면

브라이언 클레그 Brian Clegg

시간이 거꾸로 흐르는 것은 상상하기 어려운 일이다. 오죽하면 타임머신 이론조차 결국은 시간이 느리게 흐르는 곳으로 뛰어든다는 생각을 근거로 할까. 무엇보다 물리학은 시간이 흐르는 방향에 별 관심이 없다.

빛이란 전기와 자기의 상호작용이라는 사실을 밝혀낸 스코틀랜드의 물리학자 제임스 맥스웰의 방정식에는 한 가지 이상한 점이 있다. 방정식의 해법이 두 개인데, 둘 모두 타당했다. 하나는 '지연파'를 보여주었고, 다른 하나는 최종 지점에서 출발해 시간을 거슬러 시작점으로 돌아가는 '선행파'를 보여주었다. 하지만 선행파는 말이 되지 않는 개념이다. 과학적으로 설명이 불가능해서 사람들은 선행파를 무시했다. 그러다 미국 물리학자 존 휠러John Wheeler와 리처드 파인먼이 원자가 빛을 방출할 때 일어나는 작용

QUARTZ

을 밝혀내자, 선행파가 다시 전면에 등장했다.

광자가 떨어져 나가면 원자에는 반동이 생긴다. 총에서 총알이 발사될 때 총신이 뒤로 밀리는 것과 유사한 원리다. 하지만 원자의 세계는 그렇게 간단하지 않다. 반동이 생성될 때 전자적 상호작용에 의해 피드백 회로가 생기고, 이 '자가 상호작용'이 무한대로 이어지는 것이다. 휠러와 파인먼은 선행파 개념을 도입하면 어쩌다 생긴 이 무한성을 상쇄할 수 있다는 사실을 알아냈다.

광자는 보통 원자 안에서 전자가 양자 비(도)약을 하며 생겨난다. 그리고 공간을 건너뛰어 다른 원자 내의 전자에 흡수된다. 물리학자들은 두 광자가 서로 연결되며, 광자를 흡수한 원자에서 떨어져 나온 광자가 시간상 거꾸로 움직여 정확한 순간에 원래 있던 곳으로 돌아가서 반동을 유발한다고 주장한다. 아직 이런 현상이 관찰된 적은 없지만, 이는 맥스웰 방정식과 맞아떨어지고, 반동에 대한 설명도 되며, 적어도 광자들에게는 시간이 거꾸로 흐를 수 있다는 사실을 보여준다.

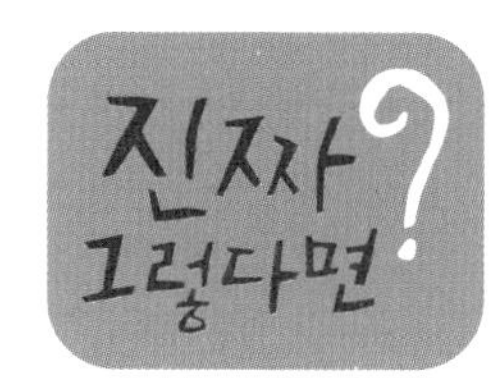

선행파가 존재한다면 그것을 이용해 과거로 신호를 보내는 것도 이론적으로 가능할 것이다. 광자가 흡수될 예정이라면 그 전에 방출된다는 뜻이다. 흡수체가 몇 개 존재하는 공간에서 방향을 확인할 수 있고, 그중 한 흡수체를 미리 확인한 방향으로 멀리 보낸다면 그런 작용은 광원을 향해 돌아올 것이다. 즉 흡수체가 제자리에 도착하기 전 광원에서 방출되는 광자가 늘어날 것이다.

놀라운 사실

휠러와 파인먼의 이론에 따르면, 원자들을 건너 광자 상호작용을 하는 데 관여하는 광자는 **2**개다. 그 이론이 참이라면 광자 **1**개는 사실상 **2**개고, 전체 에너지를 반씩 가진 채 시공간의 반대 방향에서 이동한다고 할 수 있다.

빛이 지구부터 화성에 이르기까지는 보통 **10~20**분이 걸린다. 나사NASA가 지상에서 신호를 보내기 10~20분 전에 선행파도 화성을 떠날 것이다.

함께 생각하기

- 과거로 여행할 수 있다면 | 62쪽
- 타키온 속도가 가능하다면 | 70쪽

타키온 속도가 가능하다면

소피 헵든 Sophie Hebden

교통 표지판이 있는 건 아니지만, 우주의 제한속도는 299,792,458m/s다. 진공상태에서 빛보다 빠르게 이동할 수 있는 것은 없다. 전파 신호, 우주선, 아원자 입자 혹은 이런저런 정보도 빛의 속도를 능가할 수는 없다. 굳이 제한속도를 강제하지 않아도 모두 지키게 마련이다. 아인슈타인의 특수상대성이론에 따르면 속도를 그만큼 높이려면 무한 에너지가 필요하기 때문이다.

그런데 속도를 제한속도까지 올리는 게 아니라 날 때부터 규칙을 어긴 존재가 있다면 어떨까? 이 반항적인 스피드광에게 물리학자들은 타키온이라는 이름을 붙여주었다. 아직은 가설일 뿐이지만, 타키온은 끈 이론을 비롯한 여러 이론에 등장하면서 수학적 해법이 늘 옳은 것은 아니라는 사실을 입증하고 있다.

C

타키온이 세상의 이목을 끈 것은 2011년 9월이다. 당시 이탈리아 중부 그란사소Gran Ssaso에서 실험을 하던 물리학자들은 어떤 중성 미립자가 빛보다 빠른 299,798,454m/s로 움직였다는 결과가 나오자 몹시 놀랐다. 연구진은 이 현상을 설명하기 위해 타키온을 언급했으나, 이후 장비에 문제가 있었다고 보고했다. 섬유광학 케이블 연결에 오류가 있어 시계가 지나치게 빨리 움직였다는 것이다. 혼란은 끝났고, 빛의 속도를 능가할 것은 없었다.

타키온 얘기에 소동이 벌어진 까닭은 그것이 존재한다는 사실만으로 수많은 문제가 야기될 수도, 물리학 책을 아예 다시 써야 할 상황이 벌어질 수도 있기 때문이다. 빛보다 빨리 이동하는 입자가 존재한다면 시간이 거꾸로 흐를 수도, 과학의 핵심 원리인 인과관계가 훼손될 수도 있다.

하지만 물리학자들은 타키온이 별 쓸모가 없는 존재라고 본다. 설령 실재한다 해도 일반적인 물질과 상호작용 자체가 미약해 감지조차 할 수 없을 거라고 말한다. 그러니 타키온을 이용해 빛보다 빨리 소통한다거나 시간 여행을 할 일은 없을 것이다. 그렇다 해도 이름은 정말 멋지다. 타키온이라니.

끈 이론에서는 타키온이 상상의 물질이며, 기이한 수학적 결과물이라고 말한다. 하지만 최근에 타키온이 실제 질량이 있는, 우주 구석구석 스며든 장이라고 보는 견해가 등장했다. 타키온은 우주 생성 초기에 중요한 역할을 했을지도 모른다. 어쩌면 천문학자들이 관찰하고도 이해하지 못한 시공간의 팽창을 가속화했을 수도 있다. 이런 추측을 바탕으로 구축한 끈 이론 확장판을 가리켜 타키온 우주론이라고 한다. 타키온 우주론에서는 타키온 장의 특정 에너지 상태가 암흑 에너지를 야기한다고 말한다.

놀라운 사실

그리스어 타쿠스tachus는 **빠르다**는 뜻이다. 타키온의 이름은 이 단어를 본뜬 것이다.

타키온에 관한 이론적 틀이 발달한 시기는 **1960**년대다.

타키온의 반입자는 **반反타키온**이다. 타키온에도 전하나 회전 같은 물질의 평범한 속성이 있을 수 있다.

함께 생각하기

- 시간이 거꾸로 흐른다면 | 66쪽
- 만물이 끈으로 되어 있다면 | 142쪽

워프 스피드가 가능하다면

브라이언 클레그 Brian Clegg

우주는 거대하다. 광활한 우주를 탐험하려면 엄청나게 먼 거리도 능히 건널 수 있는 속도로 여행해야 한다. 빛보다 빠른 속도로 이동할 수 있어야 한다는 뜻이다. 빛의 속도로 움직일 수밖에 없다면 우리와 가장 가까운 안드로메다은하에 가는 데도 250만 년이 걸릴 것이다. 하지만 특수상대성이론에 따르면 세상에 빛의 속도보다 빠르게 움직일 수 있는 것은 없다. 이동 속도가 빛의 속도에 가까워질수록 물체의 질량이 증가하고, 빛의 속도와 같아지면 질량이 무한대가 되기 때문이다.

다행스럽게도 방법이 아주 없는 것은 아니다. 시공간 자체를 조정하면 광속 제한은 문제가 되지 않는다. 예를 들어 우주는 팽창할 때 빛보다 훨씬 빠르게 움직이는 것으로 알려졌다. 또 양자 입자들은 한 곳에서 다른 곳으로 자

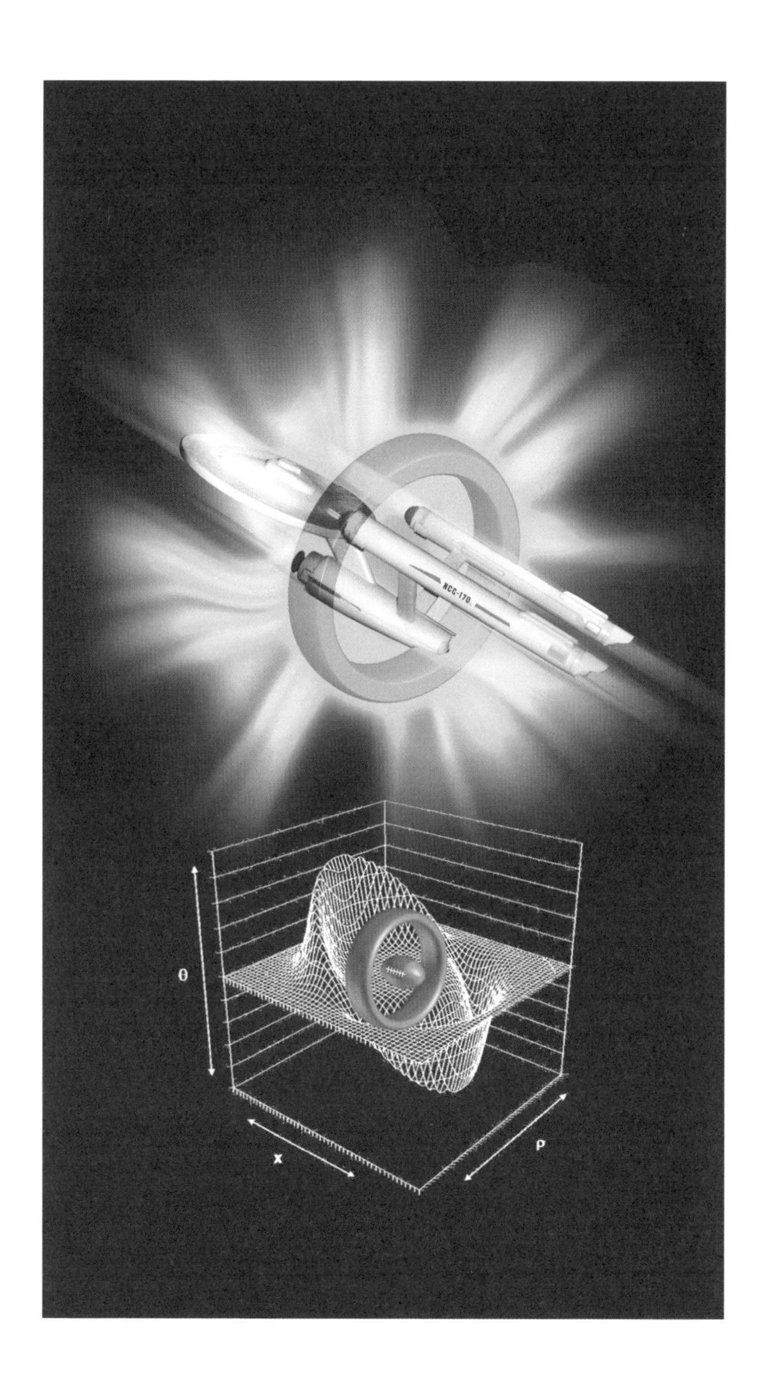
θ
x
ρ

리를 자주 옮기는데, 이들이 두 장소 사이의 공간을 지날 때는 빠르게 움직여서 시간이 전혀 걸리지 않는다.

공상과학소설에서는 이 수수께끼의 답으로 오랜 세월 워프 드라이브를 제시해왔다. 워프 드라이브란 시공간 자체를 비틀어 광속 장벽을 극복할 수 있게 해주는 엔진이다. 이런 개념은 오랫동안 허구에 지나지 않는 것으로 여겨졌다. 그러다 1994년, 멕시코의 이론물리학자 미구엘 알쿠비에르Miguel Alcubierre가 「워프 드라이브 : 일반상대성이론에서 초고속 여행The Warp Drive: Hyper-Fast Travel Within General Relativity」이라는 논문을 발표했다.

시공간에 웜 홀이라는 틈을 만들면 이론상 빛의 속도를 능가할 수 있다는 것은 잘 알려진 가설이다. 그러나 알쿠비에르의 설계에 따르면 우주선 뒤쪽의 시공간을 확장하고 앞쪽의 시공간을 수축해 자립적인 워프를 만들어낼 경우, 이론상 빛의 속도보다 훨씬 빠르게 우주선을 전진시킬 수 있었다. 웜 홀과 마찬가지로 워프 드라이브에도 음성 질량을 안정적으로 유지해줄 가상의 물질이 목성에 맞먹을 정도로 많이 필요하다는 게 유일한 문제였다.

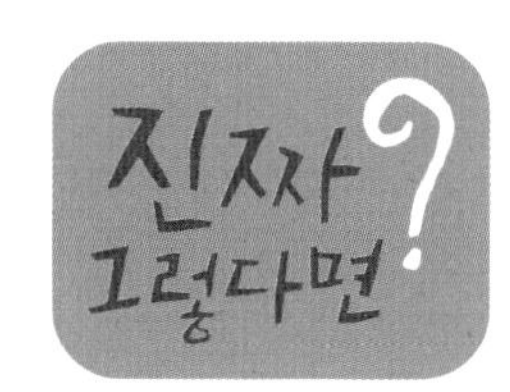

2011년 나사의 과학자 해럴드 화이트Harold White는 워프 버블 모양을 수정해서 필요한 음성 질량을 2t 정도로 줄이는 방법을 알아냈다. 이런 별난 물질을 생산할 수 있다면 워프 드라이브를 실현하는 데 더욱 가까워질 것으로 보인다. 금속판 두 장을 아주 가까운 거리에 두면 음성 질량과 같은 에너지를 내는 카시미르 효과를 이용할 수도 있을 것이다. 에너지 문제야말로 워프를 실현하기 위한 주요 해결 과제다.

놀라운 사실

인류 역사상 가장 빠른 아폴로 10호의 이동 속도는 39,897km/h다. 하지만 이는 광속에 비하면 **0.003694%** 정도밖에 되지 않는다.

아폴로 10호의 속도로 태양에서 가장 가까운 별인 프록시마켄타우리를 향해 날아가면 **11**만 **4,776**시간(약 13.1년)이 걸린다.

함께 생각하기

- 중력이 물리력이 아니라면 | 78쪽
- 다른 차원이 존재한다면 | 86쪽

중력이 물리력이 아니라면

로드리 에반스 Rhodri Evans

음전하 입자와 양전하 입자가 서로 끌어당기는 힘과 중력을 동일한 물리력이라고 생각하는 경우가 많다. 하지만 중력은 물리력보다 훨씬 이상한 특성이 있는 시공간의 뒤틀림이다.

1907년 아인슈타인은 훗날 '내 생애 가장 행복한 생각'이라고 회상할 발상을 떠올렸다. 특수상대성이론 논문을 발표하고 2년이 지난 시점의 일이다. 그는 자신의 이론에서 가속도가 일으키는 변화에 대해 생각하다가 문득 가속도와 중력의 차이를 구분하는 방법은 없다는 사실을 깨달았고, 이후 9년간 과학 역사상 가장 위대한 성취로 일컬어질 일반상대성이론을 발전시켰다. 중력의 새로운 발견이었다.

아인슈타인의 멋진 이론에서 중력은 두 천체가 서로 끌

어당기는 힘이라기보다 시공간 자체의 속성이다. 질량이 있는 천체들은 시공간 구조를 일그러뜨린다. 천체의 질량이 클수록 왜곡은 심해진다. 아인슈타인은 중력 때문에 빛의 방향도 휠 것이라고 예측했다. 1919년 영국 천체물리학자 아서 에딩턴Sir Arthur Stanley Eddington이 개기일식이 일어나는 동안 별의 상태를 측정하면서 아인슈타인의 예측이 옳았다는 사실이 밝혀졌다.

이는 흔히 '중력렌즈'라는 현상으로 나타나며, 그 덕에 먼 우주의 흐릿한 빛이 휘고 증폭되어 우리 눈에 보인다. 질량 때문에 뒤틀린 시공간 중에도 뒤틀림이 심한 곳에서는 시간이 더 느리게 흐른다. 이런 현상이 잘 드러나는 것이 GPS다. 지표면의 시간보다 인공위성이 위치한 곳에서 시간이 빠르게 흐른다(60쪽 참고). 급기야 블랙홀의 사상의 지평선, 즉 빛이 탈출할 수 없는 경계에서는 시간이 아예 멈춘다. 어쩌면 우주는 중력으로 촘촘히 짠 직물 같은 것인지도 모르겠다.

일반상대성이론을 통해 우주의 다른 부분을 연결하는 웜 홀을 만들 수 있을지도 모른다는 놀라운 결론이 나왔다. 웜 홀을 살아서 통과할 수 있다면 눈 깜짝할 새 우주의 전혀 다른 곳으로 여행할 수 있을 것이다.

놀라운 사실

빅뱅 이후 우주에서 가장 먼 은하가 겪은 세월은 **4**억 **2,000**만 년이다. 나사는 2012년 11월에 133억 ly 떨어진 은하를 발견했다고 발표했다. 앞쪽에 있는 은하단 덕에 아주 희미한 빛이 증폭되고 굴절되어 관측이 가능했다.

1 태양 질량(별의 질량을 측정하는 단위. 우리 태양의 질량과 동일하다)인 블랙홀 중심에서 사상의 지평선 혹은 가장자리까지 거리는 **2.9**km다. 어떤 천체라도 밀도가 충분하면 블랙홀이 될 수 있다. 우리 태양 대신 질량이 같은 블랙홀을 그 자리에 놓는다면 지구궤도가 달라질 것이다.

함께 생각하기

- 아인슈타인이 틀렸다면 | 130쪽
- 시간과 공간이 고리를 형성한다면 | 146쪽

우리가 움직인다는 사실을 알아챌 수 없다면

상대성이론의 내용과 이름을 생각해낸 것은 아인슈타인이다. 하지만 그보다 300년 전 상대성이론의 기초를 닦은 사람은 이탈리아의 위대한 물리학자이자 천문학자 갈릴레오 갈릴레이Galileo Galilei다. 그는 지구가 우주의 중심이 아니라는 니콜라우스 코페르니쿠스Nicolaus Copernicus의 이론을 지지해 이단으로 의심받고 악명 높은 재판에 회부되기도 했지만, 그런 일과 별개로 물리학에 참으로 멋진 공헌을 했다.

갈릴레오는 꾸준히 움직일 때 밖을 내다보지 않으면 움직인다는 사실을 알아차릴 수 없다는, 아주 간단하지만 혁명적인 발상을 내놓았다. 그는 잔잔한 바다 위를 꾸준히 전진하는 배 위에 설치된 물리 실험실을 떠올렸다. 창 없이 폐쇄된 실험실에서 배가 움직이는지 움직이지 않는지 알 수 없을 것이다. 실험에서는 모든 것이 정지 상태다.

갈릴레오의 상대성이론은 움직임이 절대적이지 않다는 사실이 핵심이다. 움직임을 인지하려면 그 대상이 늘 있어야 했다. 의자에 앉아 책을 읽는다고 생각해보자. 이때 우리는 의자에 대해 정지 상태다. 자동차나 기차, 비행기, 배 등을 타고 있을 때는 이야기가 다르겠지만, 우리는 많은 경우 지구에 대해서 멈춘 상태다. 그러나 지구상에서 위치를 고정한다고 해도 우리는 행성의 회전, 즉 지구의 자전과 함께 움직이며, 지구궤도를 따라 태양 주변을 돌며 우

리 은하를 가로질러 가장 가까운 안드로메다은하로 돌진하고 있다. 다시 말해 움직임의 개념은 본질적으로 상대적이다.

갈릴레오는 이 이론을 극적인 방법으로 증명했다고 한다. 그는 움브리아Umbria의 피에디루코Piediluco 호수로 친구들을 데려가 사공이 여섯 명인 쾌속 보트에 태웠다. 배가 적당히 속력을 내자, 갈릴레오는 친구들에게 무거운 물건 하나를 달라고 했다. 그러자 스텔루티Stelluti라는 친구가 복잡하게 세공한 커다란 금속 열쇠를 내밀었다. 일일이 손으로 만든 그의 집 자물쇠에 맞는 유일한 열쇠였다.

열쇠를 받아든 갈릴레오는 공중으로 던졌다. 스텔루티는 충격에 빠졌다. 보트가 워낙 빨라서 열쇠가 아래로 떨어질 때쯤 보트는 다른 위치에 있을 게 뻔했다. 하나밖에 없는 열쇠가 호수의 검은 물속으로 영영 사라질 판이었다. 열쇠를 붙잡겠다며 배 뒤쪽으로 달려가 호수로 뛰어들려는 스텔루티를 친구들이 간신히 말렸다. 그 순간 열쇠가 갈릴레오의 무릎 위로 떨어졌다. 보트가 빠르게 움직이고 말고는 중요하지 않았다. 열쇠의 관점에서 볼 때 보트는 정지 상태다. 똑바로 던지면 열쇠가 보트 위의 같은 장소로 떨어지는 게 당연하다.

갈릴레오 시대 사람들에게 상대성이라는 개념은 큰 충

격이었다. 비정상적인 얘기로 들렸기 때문이다. 그러나 상대성이론이 없었다면 이후 등장한 운동에 관한 기초 물리학 이론은 하나도 빛을 볼 수 없었을 것이다. 특히 영국 물리학자 뉴턴은 갈릴레오에게 큰 빚을 졌다(그건 아인슈타인도 마찬가지다). 차 두 대가 지표면에 대해 80km/h로 상대를 향해 달린다면, 160km/h 크기의 정면충돌이 일어날 것이다. 방향을 돌려 두 자동차가 같은 방향으로 달리게 하면, 한 차의 입장에서 다른 차는 멈춘 상태로 느껴질 것이다. 아주 가까이 달리면 아무런 부상 없이 이 차에서 다른 차로 옮겨 탈 수도 있다. 상대성은 운동을 이해하는 열쇠다.

다른 차원이 존재한다면

프랭크 클로즈 Frank Close

다른 차원이 존재한다면 시공간을 가로지르는 지름길을 택하는 것도, 만물의 이론을 찾는 것도 가능할지 모른다. 어떤 입자 물리학자들은 우리가 일반적으로 아는 것보다 많은 차원이 존재할 수 있다고 믿는다. 그리고 '고'차원은 138억 년 동안 가시적 우주를 에워싸고 자라온 시공간의 차원과 달리 극도로 작을 수도 있다고 생각한다.

중력을 비롯해 여러 힘들을 통합한 초끈 이론은 전자나 쿼크 같은 입자들이 끈으로 되어 있으며, 고차원에 존재한다고 정의한다. 이들을 직접 보려면 스위스 제네바Geneva의 대형 강입자 충돌기LHC보다 훨씬 성능이 좋은, 어쩌면 미래에 발명될 어떤 장비로도 감당하기 어려운 실험이 필요할 것이다. 하지만 몇몇 이론에 따르면 이들 차원 중 하나 정도는 LHC로도 관찰이 가능할지 모르겠다. 정말 그런 일이

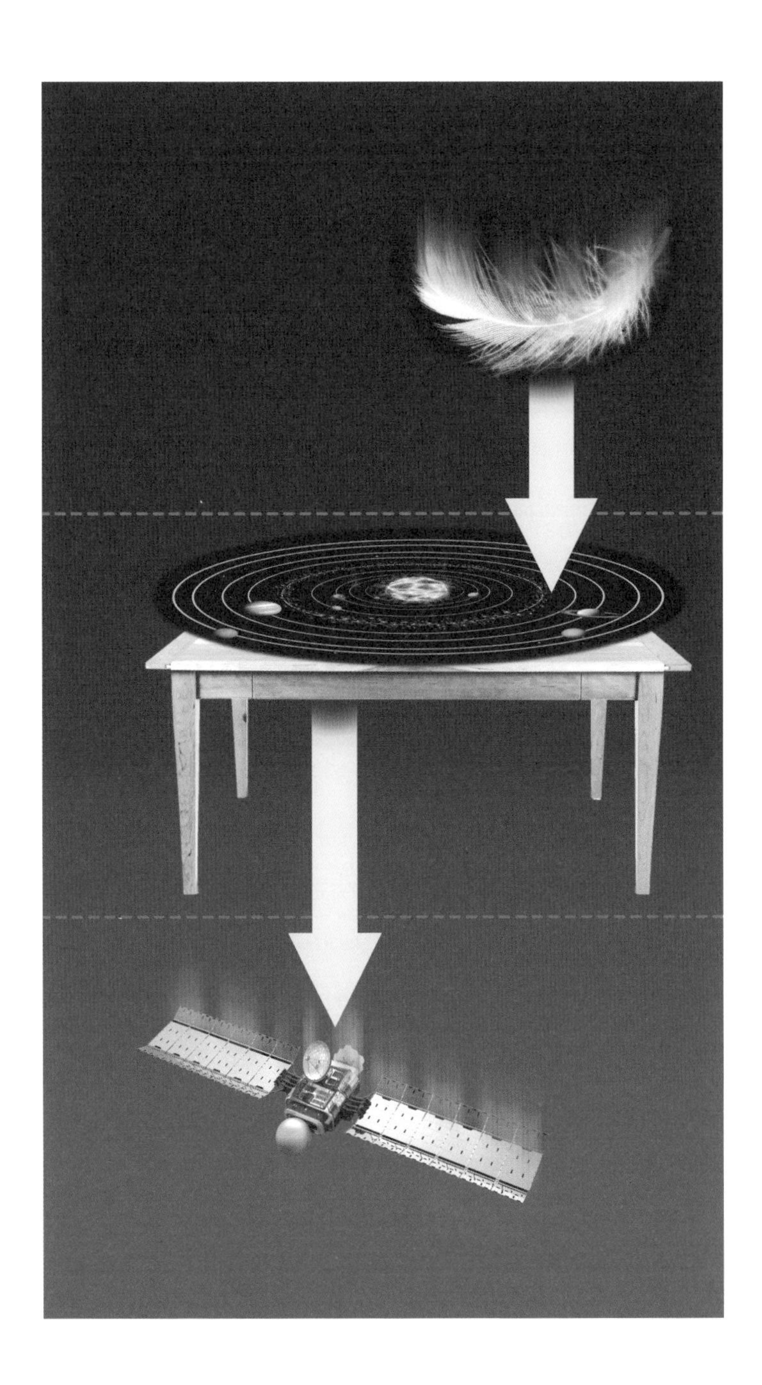

가능하다면 고차원의 실체가 드러날 수도 있다.

과연 어떤 광경이 펼쳐질까? 우리가 사는 세상은 탁자 위의 세계고, 그곳에는 2차원만 존재한다고 가정해보자. 무엇인가가 탁자에서 아래로 떨어지면 우리는 그것이 갑자기 사라졌다고 느낄 것이다. 깃털 하나가 탁자 위로 떨어진다면 우리는 그것이 어디에서 나타났는지 알 수 없을 것이다. LHC에서 특정 입자가 갑자기 나타나고 사라지는 것은 고차원의 존재를 증명하는 것일 수도 있다. 작은 차원이라도 우리가 아는 우주 어느 지점에 연관되었을 수 있으며, 그걸 모두 합치면 우리에게 미치는 영향이 상당할 수 있다.

전자기력, 약력, 강력, 중력은 가장 기본적인 물리적 힘이다. 전자기력, 약력, 강력은 우리가 아는 현 차원에서 작용하는 힘이고, 중력은 다른 차원으로 '흘러들어' 갈 수 있다고 가정하면 여러 가지 수수께끼가 해결될 것이다. 이를테면 중력이 우리에게 미치는 영향이 그토록 작은 까닭을 설명할 수 있을 것이다. 우리에게 느껴지는 것은 흘러 나가고 '남은 힘'이라고 할 수 있다. 암흑 물질에 대한 몇몇 이론에서는 고차원에 갇힌 물질의 중력이 우리 차원으로 흘러들어오기 때문에, 우리가 그 존재를 느끼면서도 보지 못하는 것이라고 말한다. 모두 실험으로 증명되어야 할 발상이다.

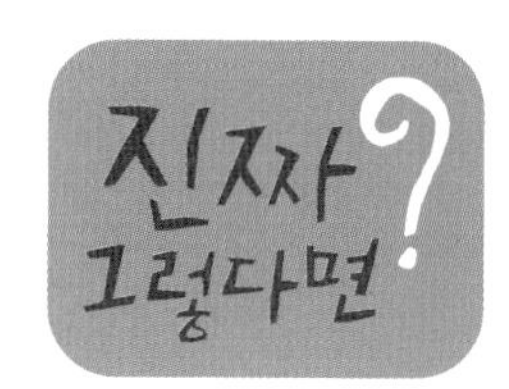

공간이 고차원에서 휘는 게 가능하다면 차원을 통과하는 지름길을 찾을 수 있다. 공간이 휜다는 개념은 반으로 접은 종이를 떠올리면 이해하기 쉽다. 종이처럼 공간을 접으면 한쪽 끝이 다른 쪽에 닿고, 윗면에서 아랫면으로 '바로' 이동할 수 있다. 이런 식이라면 공상과학소설 속 이야기가 현실의 과학이 될 수 있을지도 모른다.

놀라운 사실

초끈 이론에서 제시한 고차원의 크기는 **10^{-35}** m다.

고차원의 크기를 측정하기 위해 필요한 입자 충돌 에너지의 양은 **10^{19}**GeV(기가전자볼트 : GeV는 입자 물리학에서 사용하는 단위로, 1GeV는 1.783×10^{-27}kg)다. LHC에서 발생시킬 수 있는 에너지 양의 약 1경 배에 해당하는 수치다.

함께 생각하기

- 만물이 끈으로 되어 있다면 | 142쪽
- 암흑 물질이 없다면 | 194쪽

03 Particle Physics

입자 물리학

고대 그리스인에게는 물질에 대한 두 가지 상반된 이론이 있었다. 현대 과학의 태동기를 지배한 것은 만물이 네 가지 원소—흙, 공기, 불, 물—로 구성되었다는 엠페도클레스Empedocles의 개념이다. 물질을 더 '자를 수 없는' a–tomos(그리스어의 부정어 'a'와 자르다 'tom'을 합성한 말—옮긴이) 상태가 될 때까지 자를 수 있다는 이론도 있었다. 이 이론을 지지하던 사람들은 만물이 원자atom로 구성되었다고 생각했다.

이런 발상은 1800년대 초반 영국 과학자 존 돌턴John Dalton이 현대 원자 이론을 창안하면서 되살아났다. 대다수 과학자들이 처음에는 원자가 화학적 성질을 간편하게 설명하는 방법에 지나지 않는다고 생각했다. 원자를 실질적 개체로 진지하게 받아들이고 입자 물리학의 초기 이론을 형성하기 시작한 것은 아인슈타인 시대에 접어들면서부터다.

원자에 힘을 실어준 또 다른 원군은 17~18세기에 나왔다. 빛과 중력을 이해하기 위해 여러 가지 시도를 한 영국 물리학자 뉴턴이 바로 그 주인공이다. 뉴턴은 빛이 미립자로 구성되었다고 여겼다. 동시대 여러 과학자들과 마찬가지로 중력이란 멀리서 에테르 같은 힘이 작동하도록 만든 입자들이 있고, 그 입자들의 흐름에 강력한 영향을 받는 천체들이 만들어내는 것이라고 믿은 듯하다.

입자에 대한 뉴턴의 아이디어들은 세부 사항에 오류가 있는 것으로 밝혀졌지만, 물질과 힘이 이 작은 입자들이 상호작용 한 결과물이라는 입자 물리학의 기본에는 충실한 편이다. 입자를 바라보는 시각은 시간이 흐르면서 달라졌다. 20세기 초에는 물질의 기본 입자를 원자라고 생각했다. 이어서 원자가 전자, 광자, 중성자로 구성되었다는

것이 밝혀졌다. 최근에는 광자와 중성자 역시 쿼크로 구성되었다는 사실이 발견되었다. 아직까지는 쿼크와 전자가 물질의 기초 구성 요소로 보인다.

이 입자 무리에는 핵 상호작용과 우주선(cosmic rays : 외계에서 지구로 오는 광선들—옮긴이)에서 발생하는 중성 미립자, 뮤온 등의 입자와 전자기의 광자 같은 힘을 전달하는 입자, 그 모든 입자 가운데 일종의 조커라고 할 수 있는 힉스 입자까지 추가되었다. 게다가 우리에게는 만물의 기본 요소를 담은 최고의 그림이라 할 수 있는 표준 모형이 있다.

입자 물리학자들은 때로 시계 속이 궁금하다며 망치로 두드리고 분해하는 아이와도 같다. 그렇게 보면 스위스 제네바에 있는 유럽원자핵공동연구소CERN의 LHC 같은 증폭기가 거대한 망치인 셈이다. 하지만 이런 장비들은 실제 망치와 달리 현실의 핵심에 숨겨진 비밀을 밝혀내는 데 확실히 도움이 된다.

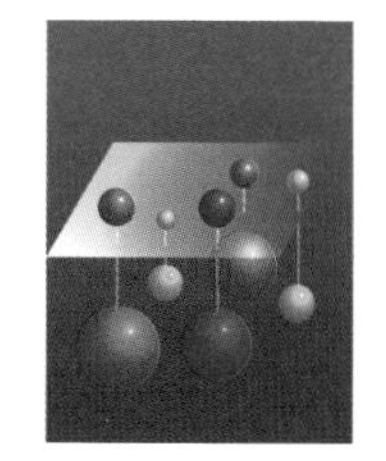

대통일이론과 만물의 법칙이 존재한다면

프랭크 클로즈 Frank Close

중력이 다른 자연의 힘과 잘 어우러지기를 바라는 물리학자들은 만물의 법칙Theory of Everything을 추구하는 반면, 통합된 전자기력과 약력을 원자의 핵입자와 하나로 묶고 강력과 통합을 시도하려는 학자들도 있다. 이것이 대통일이론Grand unified theory이다.

우리가 숨 쉴 때 머리카락이 오르락내리락하지 않는 까닭은 대통일이론으로 이해할 수 있다. 머리카락에 정지 상태의 정전기가 가득하다면, 전하와 같은 반발력 때문에 머리카락이 가닥가닥 흩날리고 그 사이로 불꽃이 날아다닐 것이다! 물론 이런 일은 일어나지 않는다. 물체는 전기적으로 중성을 띠기 때문이다. 그래서 머리카락이 원하는 모양으로 고정되어 있는 것이다. 자명하지만 놀라운 사실이다.

우리 몸을 구성하는 원자 내부에는 전기적으로 대전된

입자들이 많다. 원자의 바깥층에는 전자들이 있고, 중심 핵에는 양성자들이 빼곡하며, 원자 전체에는 강력한 전기장이 채워졌다. 양성자와 전자는 아주 다르다. 양성자는 전자에 비해 크기가 거의 2,000배에 달하며, 원자 전체에 띄엄띄엄 흩어져 있다. 크기 차이가 상당한데도 양성자의 양전하와 전자의 음전하는 정밀하게 균형을 이룬다. 그래서 물질은 전기적으로 중성을 띨 수 있으며, 먼 거리에 떨어진 중력의 영향을 받는 것이다. 양쪽의 균형이 워낙 정확해서 사람들은 어쩌다가 그런 일이 일어난 것이 아니라, 아주 근원적인 현상이라고 믿는다.

문제는 양성자를 구성하는 더 작은 입자가 존재한다는 사실이다. 쿼크가 바로 그것이다. 각각의 쿼크는 양성자 전하의 +2/3 혹은 −1/3의 전하가 있으며, 다섯 개나 혼자가 아니라 반드시 세 개씩 무리 지어 다닌다. 세 개씩 뭉쳐서 음전하를 띤 전자의 정확히 반대편에서 균형을 잡고 있다니, 전기의 비밀이 더욱 흥미로워지는 지점이다. 그러나 −1 전하가 있는 전자는 쿼크와 아무 상관이 없고, 우리가 분리할 수 있는 한도에서는 가장 근본적인 입자로 다른 구성 입자는 가지고 있지 않다고 알려졌다. 결국 물질이 중성이라는 것은 강력과 전자기력, 쿼크와 전자 사이에 통합이 존재한다는 사실을 암시한다고 할 수 있다.

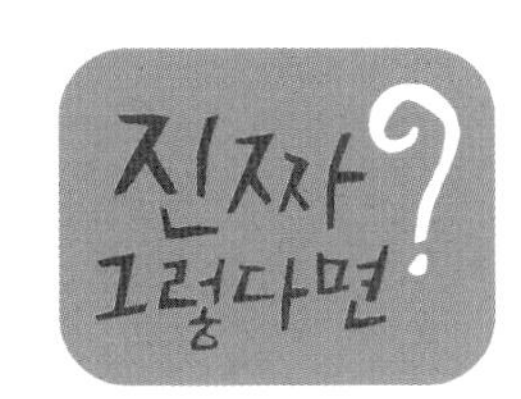

물리학자들이 만물의 법칙을 발견한다 해도 실제로는 그리 많은 문제를 해결하지 못할 것이다. 어쩌면 화학자와 생물학자를 위한 만물의 법칙은 존재하는지도 모른다. 디랙Dirac방정식이 있기 때문이다. 이 방정식은 전자가 원자 주위와 내부에서 작용하는 방식을 설명한다. 그러나 실제는 수소처럼 단순한 원자에만 적용이 가능하다. 방정식이 새겨진 티셔츠를 입고 다니는 것과 적용하는 것은 별개의 문제다.

놀라운 사실

미국 물리학자 머리 겔만Murray Gell-Mann과 러시아 출신 동료 학자 게오르크 츠바이크George Zweig가 양성자와 중성자가 쿼크로 구성되었다는 이론을 처음 내놓은 건 **1964**년이다.

미국 물리학자 하워드 조자이Howard Georgi와 셸던 글래쇼Sheldon Lee Glashow가 대통일이론을 탄생시킨 건 **1975**년이다.

함께 생각하기

- 만물이 끈으로 되어 있다면 | 142쪽
- 암흑 물질이 없다면 | 194쪽

초대칭성이 존재한다면

프랭크 클로즈 Frank Close

기본 입자는 모두 페르미온 혹은 보손, 둘 중 한 가지 형태다. 이 둘은 작용하는 모습이 아주 다르다. 페르미온은 뻐꾸기를 닮아 한 둥지에서 둘이 지내는 건 불편하다고 느낀다. 반면에 보손은 펭귄을 닮아 친구가 많을수록 행복해한다. 빛의 광자는 보손이며, 강력한 레이저 빔은 수많은 보손이 동시에 작용하는 예라고 할 수 있다. 전자는 페르미온인데, 원자와 물질의 구조가 유지되는 것은 서로 어울리려 하지 않는 그들의 특성 덕이다. 무거운 원소의 원자에는 전자가 다수 있지만, 양자역학의 법칙에 따라 자기 위치를 고수한다. 그래서 두 원자가 같은 장소에 존재하지 못하며, 이런 성질이 구조의 기본 조건이다.

아직 증명되지 않은 입자 물리학 이론이 하나 있다. 우리가 아는 모든 페르미온에는 질량이 같은 보손 형제가 있

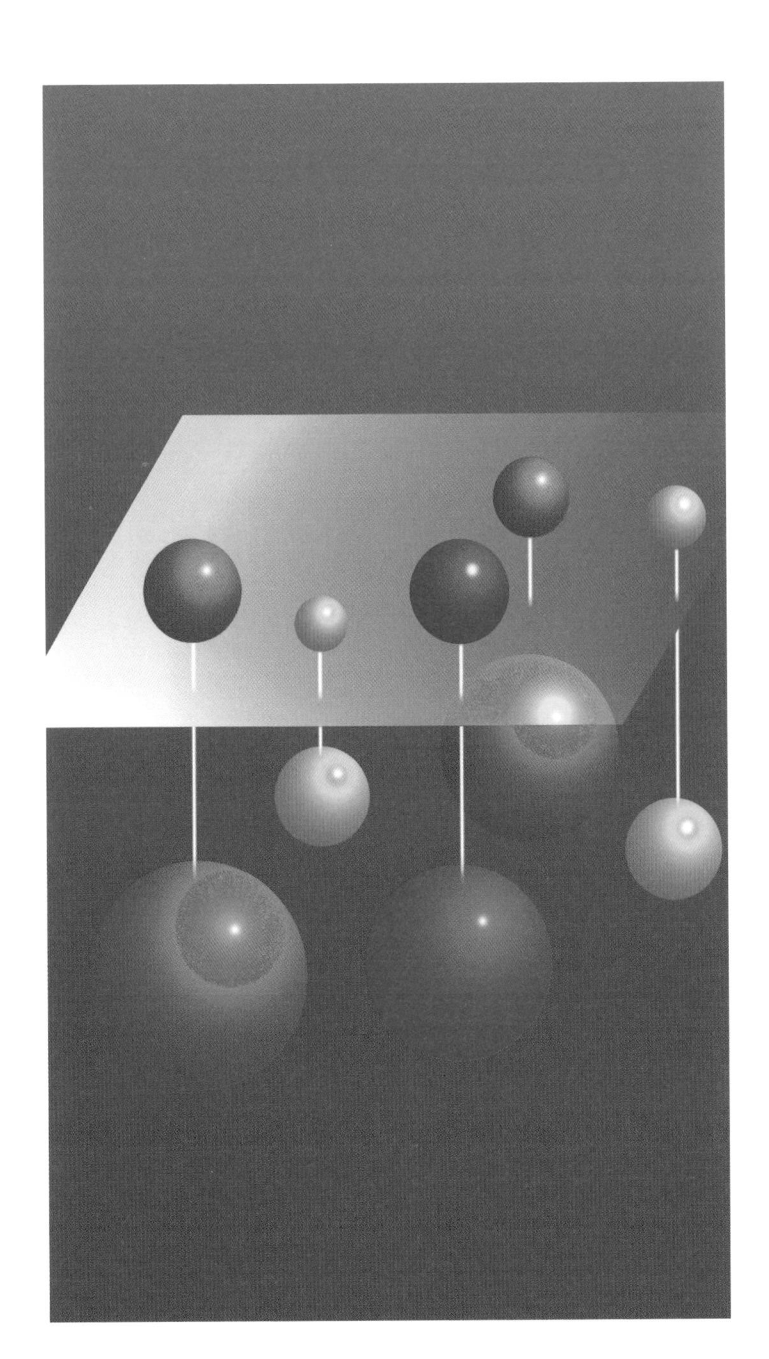

으며, 모든 보손에는 페르미온 짝꿍이 있다는 초대칭성 이론이다. 그러니 음전하가 있는 전자에게도 초대칭 짝꿍이 있을 것이다. 전자 하나와 광질량이 같고 음전하를 띤 보손의 이름은 셀렉트론이라고 알려졌다. 양전자에게도 양전하를 띤 초대칭 짝꿍이 있을 것이다. 그 이름은 수포지트론이다.

반대되는 전하를 띤 보손은 서로 잡아당긴다. 같은 층위에 있는 보손의 수에 제한이 없기 때문에, 가벼운 셀렉트론과 수포지트론은 전기에너지로 만들어진 공처럼 뭉치고 광자의 폭발로 이어져, 원자를 구성하는 전자들의 고요한 환경이 파괴될 것이다.

초대칭성이 존재한다면 이와 같은 과정을 거쳐 균형이 깨져야 마땅할 텐데, 이런 일이 일어나지 않는 것으로 보아 현실에는 전혀 적용되지 않는 이론임에 틀림없다. 하지만 초대칭성이 실재한다면 초소립자는 우리에게 친숙한 다른 입자들에 비해 무척 클 것이다. 학자들은 LHC를 이용한 실험으로 무거운 축에 속하는 초대칭 입자를 찾고 있다. 물론 아직까지 목격된 적은 없다.

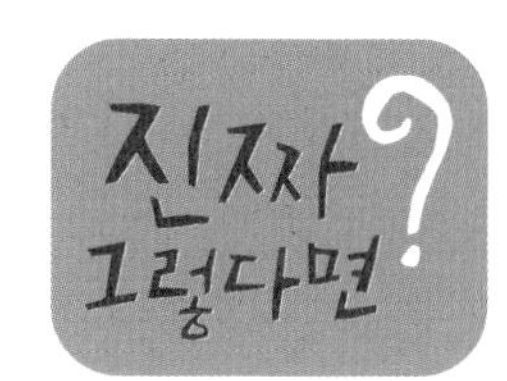

우리가 아는 입자들로는 우주 구성 물질의 5%밖에 설명하지 못한다. 나머지는 가시적 우주에서 작용하는 중력을 통해 그 존재를 어렴풋이 짐작하는 엄청난 양의 '암흑 물질'을 비롯해 다른 물질들로 구성된다. 초대칭성 이론에서는 전기적으로 중성이며 규모가 큰 '암흑 입자'가 존재할 수 있다고 말한다. 암흑 입자는 암흑 물질의 바탕이 될 정도로 안정적이라고 한다.

초끈 이론이 옳다면 양성자에 딸린 초대칭 입자는 양성자 크기의 **10^{19}**배일 것이다.

LHC가 초대칭 입자를 찾기 시작한 것은 **2010**년이다.

초대칭성 이론이 옳다면 과학자들이 전체 입자 가운데 **절반**은 발견했을 것이다.

◆ 양자 비(도)약이 가능하다면 | 18쪽

◆ 힉스 입자가 존재하지 않는다면 | 110쪽

반물질이 반중력을 느낀다면

프랭크 클로즈 Frank Close

반물질이 반중력을 느낀다면 물질 우주가 존재하는 까닭을 설명할 수 있을지도 모른다. 우주론의 가장 큰 수수께끼는 어째서 우주가 반물질을 제외한 물질로만 구성되었느냐 하는 점이다. 실험 결과를 보면 다양한 기본 입자에는 질량이 동일하면서 반대 전하를 띠는 반물질 유사체가 있다고 예측한 이론이 틀리지 않았다는 것을 알 수 있다.

음전하 전자의 반입자인 양전자는 양전하를 띠고, 반양성자는 음전하를 띤다. 반입자가 자신의 반대 입자를 만나면 둘 다 빛의 광자처럼 방사선 불꽃을 일으키며 파괴될 가능성이 높다. 하지만 고에너지 방사능으로 짝을 이루는 입자와 반입자를 바꿀 수도 있다. 이런 사실이 실험을 통해 관찰되자, 빅뱅 직후 방출된 거대한 에너지가 완벽한 대칭을 이루는 물질 입자와 반입자로 바뀐 것인지도 모른

다는 이론이 나왔다.

그러나 가시적 우주에 존재하는 물질 가운데 그토록 규모가 큰 반입자 뭉치가 있다는 증거는 어디에도 없다. 그것들이 어떻게 흔적도 없이 사라졌을까? 물질과 반물질은 완벽한 거울 이미지가 아니라는 뜻일까? 어쩌면 대다수 물질과 반물질이 서로 파괴된 후 조금 남은 물질이 현재의 우주를 탄생시켰는지도 모른다. 그러나 이런 가설에 대한 증거는 발견되지 않았다.

물질과 반물질이 중력으로 서로 밀어낸다면 우리가 '다중 우주'에 살며, 거대한 반물질 우주는 빅뱅 이후 대규모 신생 물질에게 밀려났다는 뜻일 것이다. 우리가 점유한 이곳은 우주의 물질부고, 그 반물질 짝꿍은 탐색 불가능한 먼 곳에 있는지도 모른다. 개별 물질 입자나 반물질 입자에 대한 중력의 작용이 미미해서 입자를 측정하기는 무척 어렵다. 양전자처럼 따로 구하는 것이 비교적 쉬운 반물질은 전하를 띠며, 주변으로 흘러나온 전기력과 자기력이 중력의 약한 힘을 가려서 중력을 느끼지 못한다. 반물질이 물질과 동일한 중력을 느낄 거라 짐작할 수 있지만, 확실하지 않다. 그렇다 해도 반물질이 반중력을 느낄 가능성은 아직 있다.

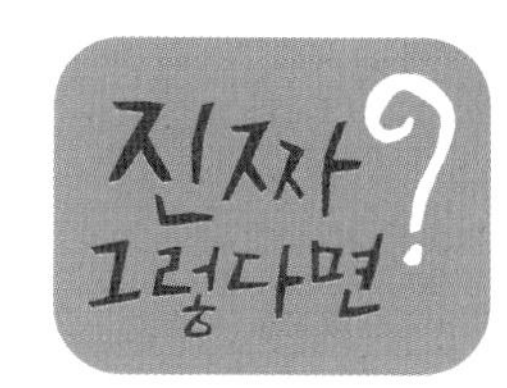

스위스 제네바의 CERN에서는 반물질에 대한 중력의 직접적 영향을 측정하기 위한 최초의 실험인 AEgIS을 계획하고 있다(AEgIS는 '반수소 실험 : 중력, 간섭, 분광학'의 줄임말이다). 반수소의 원자는 전기적으로 중립이기 때문에 중력이 미치는 영향을 측정할 수 있을 것이라고 본다. 학자들은 이들 원자 줄기가 좁은 틈을 지나게 한 뒤 얼마나 날아가다 추락하는지 측정할 예정이다.

양전자의 질량은 **9.10938291(40)** × **10^{-31}**kg이다. 그래서 약하기 짝이 없는 중력이 미친 영향을 알아내기 어렵다.

수소 원자에 미치는 중력의 힘에 비하면 정전기의 힘이 무려 **10^{40}**배나 된다. 이 말은 전자기력이 반물질 입자에 미치는 중력을 가린다는 뜻이다.

- 빅뱅 이론이 잘못된 것이라면 | 138쪽
- 반물질이 있다면 | 158쪽

원자의 구성 요소가 있다면

세상 모든 것이 원자로 구성되었다는 이론은 고대 그리스에서 시작되었다. 고대 그리스 사상의 한 학파에서는 물질을 작게 쪼개다 보면 '더 자를 수 없는a-tomos' 상태에 도달할 거라고 주장했다. 원자atom라는 말이 여기에서 유래했다. 그러나 원자가 과학적으로 타당한 개념이라는 사실이 밝혀지기 시작한 것은 19세기 초, 영국 과학자 존 돌턴이 원자량을 발견하면서다. 돌턴은 이 획기적인 발상을 발전시켜 각 원소는 고유한 원자로 구성되며, 그 원자들 덕에 원소가 특유의 성질과 특정 무게를 갖춘다고 주장하기에 이른다. 그럼에도 원자는 여전히 불확실한 존재로 대접받았다.

1897년 영국 물리학자 조지프 톰슨이 전자를 발견했다고 발표하면서, 고대 그리스에서 시작되었다가 잠시 명맥

이 끊긴 개념이 다시 전면에 등장했다. 1904년 톰슨은 '자두 푸딩 모형'을 내놓았다. 원자 전체를 두르는 양전하 구름(푸딩) 속에 음전하를 띤 전자(자두)가 점처럼 박혔다고 묘사한 이 모형은, 전체 원자가 중립적 전하 상태를 유지하는 것도 그 때문이라고 설명했다. 당시 톰슨은 수소 원자 속에 2,000여 개에 달하는 전자가 들었을 거라고 생각했다. 전자가 질량을 만들어낸다고 여겼기 때문이다. 2년 뒤 톰슨은 전자의 수를 확 줄여 원소 내의 원자 수와 비슷하다고 결론 내렸다.

먹으면 사라지는 푸딩처럼 톰슨의 원자모형도 오래가지 않았다. 1909년 톰슨의 학생 어니스트 러더퍼드Ernest Rutherford가 한 가지 실험을 했다. 얇게 편 금박에 알파입자를 쏘아 그 결과를 지켜보는 것으로, 지금까지 꽤 유명한 실험이다. 실험 결과 금박에서 입자 몇 개가 튕겨 나갔다(알파입자는 광자 두 개와 중성자 두 개로 구성되었으며, 헬륨 핵과 같다. 하지만 당시에는 러더퍼드도 그 정체를 몰랐다. 아직 광자와 중성자가 발견되지 않았기 때문이다). 러더퍼드는 전체 원자에서 양전하를 띤 작은 핵이 일부를 차지하고, 그 핵이 원자 전체의 거의 모든 질량을 담당하는 것으로 표현한 새로운 원자모형을 발표했다. 그의 모형에서 전자는 작은 핵 주위를 돌고 있었다. 러더퍼드 실험에서 튕겨 나온 입자들은 다른 입자와 달리 금박 원자를 통과하지 못하고 핵에 부딪힌 것이다.

1920년 러더퍼드는 원자핵을 구성하는 양전하 입자에 양성자라는 이름을 붙였고, 중립적 입자도 존재할 것이라 추측해서 훗날 그것을 중성자라 불렀다. 러더퍼드의 생각은 당시 큰 바람을 일으켰고, 입자 물리학은 이후 수년간 발달을 거듭해 발견보다 이론이 훨씬 앞질렀다. 그러다 1932년, 마침내 영국 물리학자 제임스 채드윅James Chadwick이 중성자의 존재를 실증했다.

이제 우리는 원자핵이 양성자와 중성자로 구성되고, 그 주위를 전자가 돈다는 원자의 구조를 학교에서 배운다. 하지만 이것은 '입자 동물원'이라는 이름이 딱 어울리는 원자의 특성을 맨 처음 보여준 모형일 뿐이다. 1970년대 초 여러 과학자들이 입자와 힘의 표준 모형을 만들기 위해 한자리에 모였다. 이 모형에서는 우주 만물이 기본 입자 12개와 기본 힘 4개로 구성된다고 말한다.

모형은 쿼크와 렙톤, 게이지 보손 이렇게 세 그룹으로 구성되며, 거기에 힉스 보손이 있다. 쿼크는 업(u), 다운(d), 참(c), 스트레인지(s), 톱(t), 보텀(b)의 여섯 가지 '맛'으로 나뉜다. 양성자는 u, u, d 쿼크로, 중성자는 u, d, d 쿼크로 구성된다. 전자는 렙톤의 한 예로 전자(e−), 중성

미자(ve), 뮤온(u−), 뮤온 중성미자(vu), 타우입자(t−), 타우 중성미자(vt)의 여섯 가지 맛으로 나뉜다. 네 가지 기본 물리력 가운데 강력, 약력, 전자기력이 게이지 보손에 속한다. 하지만 중력은 입자 물리학으로 설명할 수 없다.

"이보게, 이 입자 이름을 다 기억했다면 난 식물학자가 되었을 거라니까." 이탈리아 물리학자 엔리코 페르미Enrico Fermi의 말이다. 복잡하기 짝이 없는 목록을 보니 왜 그런 말을 했는지 알 것 같다.

힉스 입자가 존재하지 않는다면

프랭크 클로즈 Frank Close

간단히 말해 우리도 존재하지 않았을 것이다. 사람들은 우주 전체에 힉스 장이 퍼져 있으며, 힉스가 전자, 쿼크, W 보손 같은 기본 입자들에 질량을 부여한다고 믿는다. 원자의 크기를 결정하는 것은 부분적으로 전자의 질량이다. 전자가 가벼웠다면 원자는 지금보다 컸을 것이다. 그리고 전자의 질량이 0이었다면 원자의 크기는 무한대였을 것이다. 원자 자체가 존재하지 않았을 것이라는 말이다. 그러면 화학도, 생물학도, 생명도 존재하지 않았을 것이다.

쿼크의 질량은 아주 짧은 거리에서 영향을 미치는 강한 핵력, 즉 강력(핵의 입자들을 하나로 잡는 힘)을 만들어낸다. 원자의 핵이 그처럼 작은 것도 다 그 때문이다. 쿼크에 질량이 없었다면 원자핵은 생기지 않았겠지만, 그렇다 해도

개별 중성자와 양성자는 여전히 존재하면서 현재와 비슷한 질량을 갖췄을 것이다.

흔한 오해와 달리 힉스가 우주 모든 것에 질량을 부여하는 것은 아니다. 힉스는 우주에서 아주 작은 부분을 담당할 뿐이다. 우리의 질량 대부분과 우리 눈에 보이는 것들의 질량 역시 원자핵 내의 양성자와 중성자 덕에 존재하며, 그들의 질량은 이들 입자 안에 갇힌 쿼크의 운동에너지에서 비롯된다. 이들은 힉스가 없었어도 존재할 수 있다.

하지만 방사성 붕괴에 관여해 태양 중심부에서 수소를 헬륨으로 변환하는 약력의 중개자 역할을 하는 것은 W 보손이다. W 보손의 질량이 크기 때문에 태양이 지금처럼 아주 천천히 타오를 수 있는 것이다. 우리가 진화하는 데 수십억 년이 걸렸다. 힉스 장이 존재하지 않았다면 어떻게 되었을까? 그렇다면 W 보손은 질량이 없었을 것이다. 약력은 엄청난 힘을 발휘했을 테고, 태양은 오래전에 타서 없어졌을 것이다. 잘 생각해보자. 최초에 존재했을 거라고 추정하는 힉스가 없으면 어땠겠는가! 우주는 존재했을지 몰라도 우리가 아는 모습은 아니었을 것이다.

기본 입자가 힉스 덕에 질량을 갖췄다는 발상은 1964년경 여러 학자들이 각자 연구한 끝에 내놓은 것이다. 그러므로 '힉스 장'을 들먹이는 관례는 다소 불공정한 처사라고 할 수 있다. 하지만 힉스 입자라는 이름은 공정하게 붙인 것이다. 영국의 이론물리학자 피터 힉스Peter Higgs만 그 이론의 결과물에 관심을 두었기 때문이다. 그는 실험으로 이론을 검증해볼 때 불안정하고 거대한 입자가 필요하다고 주장했다. 그리고 2012년, 학자들은 그 입자를 실제 분리하는 데 성공했다.

힉스 입자의 질량은 **125**GeV로, 수소 원자보다 약 130배 무겁다. 21세기 전까지 어떤 입자가속기로도 이 거대한 입자를 만들어낼 수 없었다.

2012년 제네바 CERN에서 실험을 통해 힉스 입자를 발견했다. 시카고Chicago 근교 페르미 실험실에서도 같은 것을 발견했다.

- 반물질이 있다면 | 158쪽
- 만물이 끈으로 되어 있다면 | 142쪽

원자를 볼 수 있다면

사이먼 플린 Simon Flynn

원자 하나의 크기는 오렌지의 1/1,000,000,000이다. 오렌지와 목성을 비교한 것과 같은 비율이다. 인간은 육안으로 머리카락 한 가닥의 지름보다 조금 작은 정도까지는 식별 가능하다. 이는 원자보다 100만 배 크다.

17세기에 네덜란드 과학자이자 장사꾼 안톤 반 레벤후크Anton van Leeuwenhoek가 광학현미경을 발명하면서 우리는 세상을 보다 자세히 들여다볼 수 있게 되었다. 세월이 흘러 현미경은 비약적으로 발달했지만, 원자를 들여다볼 수 있는 수준에는 좀처럼 도달하지 못했다. 가시광선의 파장이 원자보다 훨씬 크기 때문이다. 물체 위의 두 지점이 하나의 파장보다 가까우면 그 지점들에서 반사되는 빛이 서로 간섭하여 그 물체를 볼 수 없다. 그러다 2011년, 영국 맨

체스터대학The University of Manchester 연구진이 분자를 관찰할 수 있는 신개념 광학현미경을 선보였다. 지름 몇 nm인 유리구슬을 이용해 파장의 제한을 극복한 것이다. 그러나 원자는 아직도 직접 볼 수 없다.

1980년대 독일 물리학자 게르트 비니히Gerd Binnig와 스위스 출신 동료 학자 하인리히 로러Heinrich Rohrer가 원자를 간접적으로 관찰할 수 있는 기술을 개발했다. IBM에서 근무한 두 사람은 이 기술로 1986년 노벨 물리학상을 수상했다. 두 사람이 개발한 주사형 터널 현미경STM의 작동 원리는 다음과 같다.

뾰족한 끝이 원자 하나 크기인 텅스텐 침을 1nm보다 작은 관찰 대상의 표면에 가까이 가져가면, 침은 관찰 대상의 표면을 이리저리 움직인다. 이때 침과 대상 사이에 양자역학에서 '양자 굴 뚫기'라고 알려진 현상이 일어나면서 전자가 침에서 관찰 대상으로 점프하고, 둘 사이의 좁은 간격에 약한 전류가 흐른다. 침이 왔다 갔다 하는 동안 전류는 계속 흐르고, 이것으로 관찰 대상 표면의 원자상을 각 원자의 위치와 크기까지 세세하게 알아낼 수 있다.

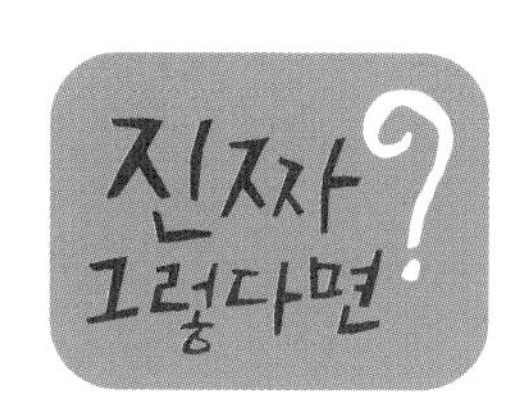

1990년 STM으로 각각의 원자를 움직이고 배치하는 일이 가능하다는 사실이 입증되었다. IBM의 과학자들이 이 현미경을 사용해 크세논 원자 35개를 끌어다가 니켈 표면에 떨어뜨려 IBM이라는 이름을 새긴 것이다. 그 이미지는 유명 과학 잡지 『네이처Nature』 표지에 실렸다.

놀라운 사실

가시광선 파장의 길이는 **400~700**nm다.

게르트 비니히와 하인리히 로러가 STM을 개발한 해는 **1981**년이다.

성능이 가장 강력한 현미경은 네덜란드 과학자 안톤 반 레벤후크가 만든 현미경으로, 대상을 **275**배 확대할 수 있었다.

함께 생각하기

◆ 원자의 구성 요소가 있다면 | 106쪽

◆ 절대영도보다 낮은 온도가 가능하다면 | 202쪽

전자를 빛으로 바꿀 수 있다면

브라이언 클레그 Brian Clegg

1965년 미국 사업가이자 컴퓨터 칩 생산 기업 인텔의 공동 설립자 고든 무어Gordon Earle Moore는 집적 회로 용량이 해마다 두 배씩 늘어나는 현상을 관찰하고, 그와 같은 일이 향후 10년 혹은 그 이상 지속될 것이라 예측했다. 이후 그는 1년으로 설정한 간격을 2년으로 살짝 수정했고, '무어의 법칙'은 40년 이상 놀라울 정도로 맞아떨어졌다.

하지만 물리학자들은 이런 증가가 영원히 계속될 수는 없다고 잘라 말한다. 칩 내부 접속의 크기가 원자 수준으로 작아져서 더는 소형화할 수 없는 순간이 온다는 것이다. 칩 내부를 돌아다니는 원자들은 양자 입자이기 때문에, 크기가 작아질수록 접속에서 접속으로 터널을 만들 공산이 컸다. 여러 문제를 해결하는 가장 확실한 방법은 2차

원의 칩을 3차원으로 만드는 것이다. 이 방법은 어느 정도 실현 가능성은 있지만, 3차원에서 접속을 배열하는 일이 워낙 복잡해서 더 큰 제약에 부딪히고 말 것이다.

그럼 이건 어떨까. 미래의 컴퓨터는 기계의 핵심이라고 할 수 있는 양자 입자를 전자에서 광자로 바꿀 수도 있을 것이다. 전자공학에서 포토닉스로 전환이다. 전자와 광자는 아주 다른 특성이 있다. 전자는 질량이 있지만 광자는 없다. 전자는 전하가 있지만 광자는 아니다. 그러나 둘 모두 양자 입자답게 파장과 유사한 성질이 있으며, 신호 운반이라는 기본 작업에 이용이 가능하다. 물론 실제 빛 기반 컴퓨터를 구축하는 데는 어려움이 많을 것이다. 대신 아주 큰 이점 하나는 누릴 거라고 말할 수 있다.

전자는 서로 밀어내는 성질이 있으며, 파울리Wolfgang Pauli의 배타원리를 따르는 페르미온이다. 그러므로 두 입자가 절대 같은 상태에 있을 수 없다. 반면에 광자는 모여 있기를 좋아하는 보손이다. 광자는 서로 뚫고 지나갈 수도 있고, 원하는 만큼 얼마든지 같은 공간을 공유할 수 있다. 그러니 서로 가뿐하게 거치는 수십억 개의 접속을 탑재한 빛 기반 칩도 가능하지 않겠는가.

한쪽에서 전송한 빛이 다른 쪽에 설치된 특수 수정에 의해 통제되는 빛 기반 트랜지스터를 생산하는 방법이 나왔지만, 아직은 상당히 크다. 그러나 나노 규모의 빛에서 작동하는 특수 광학 장비들이 존재한다는 점을 감안하면, 수십억 개 신호들이 언제든 같은 지점을 통과하는 컴퓨터를 전혀 다른 방법으로 실현할 수도 있을 거라 짐작해본다.

놀라운 사실

미국 물리학자 찰스 타운스Charles Hard Townes는 **1953**년 최초의 메이저(분자증폭기)를 생산했다. 메이저는 레이저보다 앞서 극초단파를 증폭할 수 있도록 만든 장치로, 광학 컴퓨터의 기반이 될 것으로 보인다.

2012년 현재 상업적으로 이용할 수 있는 대용량 프로세서의 트랜지스터 수는 **25**억 개다. 그 주인공은 바로 인텔의 10코어 제온 웨스트미어다.

함께 생각하기

- 양자 계산이 가능하다면 | 46쪽
- 로봇이 의식이 있다면 | 238쪽

원자가 비어 있지 않다면

프랭크 클로즈 Frank Close

원자가 전자로 채워졌고 그 전자가 원하는 곳으로 자유롭게 이동할 수 있다면, 원자는 생성되자마자 방사선 폭발을 일으켜 붕괴되었을 것이다. 원자는 밀도가 높고 양전하를 띠는 커다란 핵과 그 주변을 도는 음전하를 띠는 전자로 구성된다. 이 체계가 분해되지 않도록 붙들고 있는 것은 (마치 전하가 끌어당기는 듯한) 전기력 덕이다.

흔히 원자구조를 작은 태양계에 비유한다. 태양과 같은 핵 주위를 행성 같은 전자가 돈다고 말이다. 이런 비유는 여러 가지로 오해의 소지가 크다. 특히 원자가 사실상 텅 비었다는 사실을 제대로 보여주지 못한다. 지구궤도는 태양 지름의 약 100배고, 지구 크기는 태양의 1/100이다. 하지만 수소 원자의 핵은 그 크기가 전자의 1만 배에 달한다. 크기 차이가 심하다 보니 태양계에 비하면 원자 속은

텅 빈 상태나 다름없는 것이다. 게다가 태양계에 비해 말도 못 하게 작은 원자 안의 전기력과 자기력의 강도는 중력보다 훨씬 강하다.

전통 물리학에서는 빛이 번쩍하는 사이에 전자가 나선을 그리며 핵을 향해 다가갈 거라고 주장했다. 그러나 그런 일은 일어나지 않는다. 그 말은 우리가 일반적으로 아는 것과 다른 법칙(양자역학의 법칙)이 원자 내부를 통제한다는 뜻이다. 전자는 원하는 곳으로 자유롭게 가는 것이 아니라 제한된 공간만 오갈 수 있다. 마치 사다리에 올라선 사람이 한 번에 한 단씩 옮겨가는 것과 같다. 사다리의 각 단은 특정한 양의 에너지가 있는 전자 하나의 상태에 해당한다. 전자 하나가 높은 에너지 단에서 낮은 에너지 단으로 내려가면 에너지 차이만큼 광자가 발산된다. 이 복사 현상에서 나타나는 색의 스펙트럼은 원소마다 다르다.

먼 우주의 천체에서 오는 빛의 스펙트럼을 보면 그것이 어떤 원소로 구성되었는지 알 수 있다. 전자는 페르미온(98쪽 참고)이므로 두 전자가 같은 순간 같은 준위에 존재할 수 없다. 원자가 각기 독자성을 유지하고 물질에 구조가 존재하는 것도 이 때문이다. 이웃한 원자는 서로 전자를 빌려주거나 주고받는다. 그 결과 두 원자가 서로 꼭 붙든 채 분자를 구성한다.

놀라운 사실

영국 물리학자 조지프 톰슨은 **1897**년 전자를 발견했다.

1911년 뉴질랜드 출신 물리학자 어니스트 러더퍼드가 원자핵에 관한 이론을 발표했다.

네덜란드 물리학자 닐스 보어가 **1913**년 원자모형을 완성했다.

함께 생각하기

- 양자 비(도)약이 가능하다면 | 18쪽
- 원자를 볼 수 있다면 | 114쪽

04 Cosmology

우주론

'추측이 있고, 억측이 있고 그리고 우주론이 있다.' 부당하게 느껴질 수 있지만, 큰 진리를 담은 오래된 문구다. 우주론은 우주의 기원과 특성을 전반적으로 다룬 이론이다. 하지만 가장 가까운 이웃조차 방문할 수 없을 정도로 광대한 규모 때문에, 우주를 연구한다는 것은 본질적으로 어려울 수밖에 없다.

물리학자들은 대개 실험실에서 연구가 가능하다. 스위스 제네바에 있는 CERN의 LHC 같은 엄청난 '실험실'에 의존해야 할 때도 있지만, 실험이 가능한 건 사실이다. 그러나 우주를 실험하는 것은 불가능하다. 실험 외에 과학 연구에서 중요한 것이 반복성인데, 우리가 겪는 우주는 하나뿐이다. 결과를 비교하기 위해 돌려볼 수가 없다.

그래서 우주론자들은 오직 관찰에 의존하며, 그 관찰조차 아주 간접적일 때가 많다. 이를테면 손을 뻗어 은하를 만지는 것은 불가능하다. 그저 빛으로 전달되는 정보 분석 외에 알 수 있는 것이 없다. 과학자들은 최근까지도 순전히 가시광선에 의존해 우주를 연구했는데, 이제는 전파며 극초단파, 적외선, 가시광선, 자외선, 엑스선, 감마선 등 전체 전자기 스펙트럼을 쓸 수 있다. 그 덕에 방대한 추가 정보를 얻을 수 있었으나, 관찰은 간접적인 수준에 머물러 있다.

과학자들에게 중요한 또 한 가지는 시간이다. 수백만 년 혹은 수십억 년 전에 지구에 일어난 일을 이해하려고 애쓰는 과학자들에 비하면, 우주론자들이 운이 좋다고도 할 수 있다. 지리학자나 고생물학자들은 뭐가 되었든 땅속에서 발견한 유적(혹은 흔적)을 보고, 그것이 어느 시대 유적인지 추론하는 것부터 연구를 시작한다. 하지만 우주론자들에게는 시각적 타임머신이 있다. 우주 저 먼 곳을 더

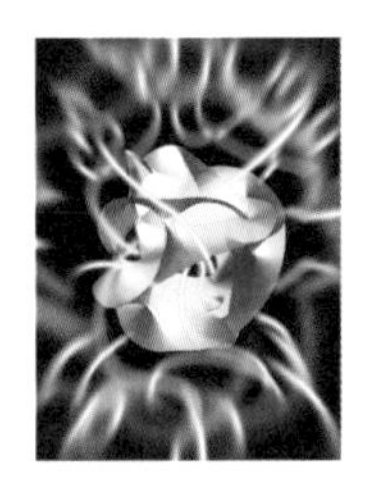

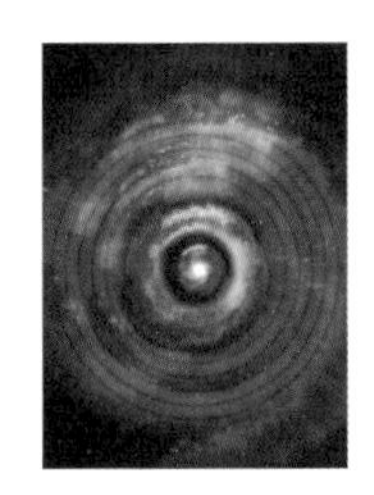

멀리 내다볼수록, 더 오래된 과거의 시간을 볼 수 있는 것이다. 정보를 전달해주는 빛의 속도에 제한이 있어서 공간의 모습이 우주 역사 자체라고 할 수 있다.

이를테면 맨눈으로 볼 수 있는 가장 먼 거리에 위치한 안드로메다은하를 본다고 생각해보자. 안드로메다은하는 약 250만 ly 떨어져 있으며, 이는 우리 눈에 현재 보이는 모습이 약 250만 년 전 모습이라는 뜻이다. 직접 관찰해서 볼 수 있는 가장 먼 거리는 약 120억 년 전 우주의 모습이다. 하지만 어린 시절의 우주를 이해하고, 그 기원에 대해 상세히 설명하는 것은 우주배경복사처럼 간접 관찰을 통해서 가능하다.

우주론에서 최고로 꼽히는 이론은 과학의 다른 어떤 분야 이론보다 쉽사리 전복될 가능성이 크다. 어쩌면 빅뱅조차 없던 일일 수 있다. 그만큼 우주에는 우리를 기다리는 놀라운 일들이 아직 많다.

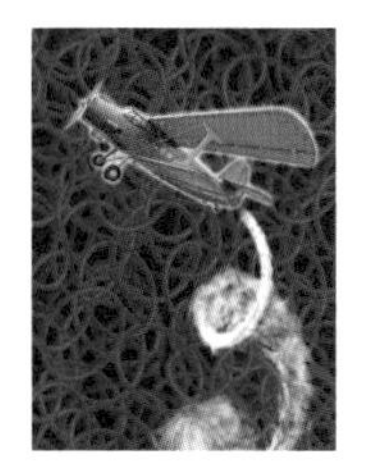

아인슈타인이 틀렸다면

로드리 에반스 Rhodri Evans

아인슈타인은 중력 방정식에 우주 상수를 넣은 것을 '최악의 실수'라고 말했다. 그가 우주 상수를 도입한 시기는 대다수 천문학자들이 우주가 고정되었으며, 팽창하거나 수축하지 않는다고 생각하던 때(1916~1917년)다. 우주 상수는 우주가 고정되었다는 이론에 아인슈타인의 방정식을 끼워 맞추기 위해 필요한 것이었다. 1929년 미국 천문학자 에드윈 허블이 우주가 팽창한다는 사실을 발견하면서, 아인슈타인이 우주 상수를 실수라고 인정한 일화는 유명하다. 그러나 최근 15년 사이, 천문학자들은 우주 상수가 필요할지도 모른다는 생각을 하게 되었다.

1998년 두 연구 팀이 옛 우주의 팽창률 측정을 시도한 끝에 그 결과를 발표했다. 사람들은 모두 우주의 팽창이 느려지고 있을 거라고 기대했다. 중력은 끌어당기는 힘이므

로, 시간이 흐르면서 빅뱅에서 비롯된 우주의 외부 팽창 활동이 느려지는 것은 당연하다고 말이다. 하지만 결과는 놀라웠다. 우주는 지금의 절반 나이였을 때보다 빠른 속도로 팽창하고 있었다. 신비한 암흑 에너지가 우주를 점점 빠르게 떠민 결과다. 암흑 에너지의 본질은 아직까지 제대로 알려지지 않았지만, 그것이 아인슈타인의 우주 상수의 정체인지도 모른다.

암흑 에너지가 시간에 따라 변하는지 알아내려면 보다 많은 연구가 필요하다. 1998년 최초 발견 이후, 천문학자들은 우주가 보다 느리게 팽창하던 시기를 더 멀리 돌아볼 수 있게 되었다. 우리는 지금 은하 무리 사이의 중력을 암흑 에너지가 압도하는 시대에 사는지도 모른다. 과거에는 그 양상이 지금과 사뭇 달랐을 수 있다. 원래 우주의 팽창은 느려지고 있었는데, 암흑 에너지가 지배하기 시작하면서 팽창률이 증가했을 수도 있는 것이다. 암흑 에너지가 우주의 속성이라면, 암흑 에너지 증가량 이상의 공간이 있을 거라는 예상이 가능하다.

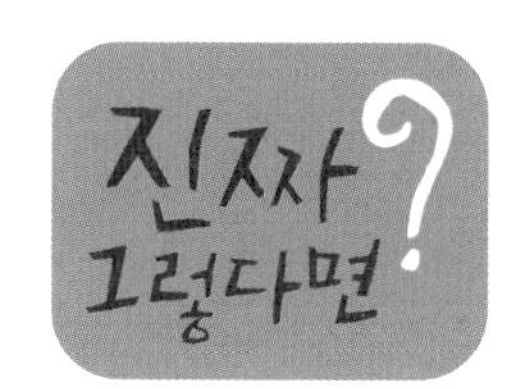

우주 규모가 커질수록 팽창률이 늘어난다면, 우주의 팽창 속도는 점점 빨라질 것이다. 이를 가리켜 '찢어짐 이론the big rip'이라고 한다. 결국 우주는 빠르게 멀어져서 그 빛을 우리 눈으로 보지 못하는 순간이 올 것이다. 입자 물리학자들이 우주 상수가 필요할 거라고 예측하고 있지만, 암흑 에너지와 관련된 수많은 수수께끼를 해결하는 게 먼저다.

놀라운 사실

현 우주의 구성 성분을 설명한 '람다 암흑 물질' 모형에서 암흑 에너지는 우주의 **75**%를 차지한다.

람다 암흑 물질 모형에 따르면 '일반적인' 물질이 우주에서 차지하는 비율은 **4**%에 지나지 않는다. 나머지 21%는 암흑 물질이다.

허블 상수를 기준으로 측정한 우주의 현재 팽창률은 **72**km/s/Mpc(메가파섹)이다. 우주가 지금의 절반 나이였을 때는 그 수치가 더 작았을 것이다.

함께 생각하기

- 반물질이 반중력을 느낀다면 | 102쪽
- 우주가 무한하다면 | 154쪽

평행 우주가 존재한다면

소피 헵든 Sophie Hebden

우리의 우주가 엄청나게 많은 다른 우주들과 동시에 존재한다고 믿는 과학자들이 많다. 이를 가리켜 '다중 우주'라고 한다. 다중 우주는 증명이 불가능하다. 우리 우주 외부에 있는 것은 우리 눈으로 관찰할 수 없기 때문이다. 하지만 혼란스러운 팽창에 따른 시공간 거품의 팽창이라는 둥, 끈 이론이나 양자역학의 '다세계 해석'에서 나온 불안정성이라는 둥 많은 이론들이 다중 우주의 존재를 예측하고 있다.

다중 우주론은 각각의 우주에서 빛의 속도나 전자의 전하 같은 물리법칙 값이 다를 수 있다고 말한다. 우리가 우리의 오랜 우주 안에서 아는 기본상수들은 정밀하게 조율한 값으로, 현실을 구성하는 각기 다른 입자들과 힘을 규정한다. 그러나 그 상수들이 왜 현재와 같은 특정 값이 되

었는지 아는 사람은 아무도 없다. 전자기력의 강도를 좌우하는 상수에 어설프게 손대 지금보다 4% 크게 만들면 별에서는 탄소가 생성되지 않을 것이다. 그리고 4% 작게 만들면 우리에게는 산소가 없었을 것이다. 어느 쪽이든 우리가 현재 아는 생명체는 존재하지 못했을 것이다.

그런데 다중 우주가 이와 같이 섬세한 상수의 비밀을 해결해준다. 가능한 기본상수들이 대단히 많다면, 적어도 하나쯤은 우리가 아는 모습대로 자연을 탄생시킬 수 있을 테니 말이다. 이는 우주가 지금과 다른 모습이라면 우리가 존재하지 못했을 거라는 인류 발생의 원리도 설명해준다. 우주에서 엔트로피 혹은 무질서가 언제나 증가하는 원인 역시 다중 우주로 설명할 수 있다.

한번 쏟아진 물은 저절로 컵에 담기지 않는다. 그러므로 특정 거품 우주가 탄생한 것은 엔트로피가 낮은 상태에서 시작되었기 때문인지도 모른다. 어떤 연구에서는 우리 우주가 높은 엔트로피 속에서 시작된 후, 일종의 양자 굴뚫기 과정을 통해 양자가 이곳에서 저곳으로 점프하듯 다른 거품의 일부가 된 것이라고 주장하기도 한다.

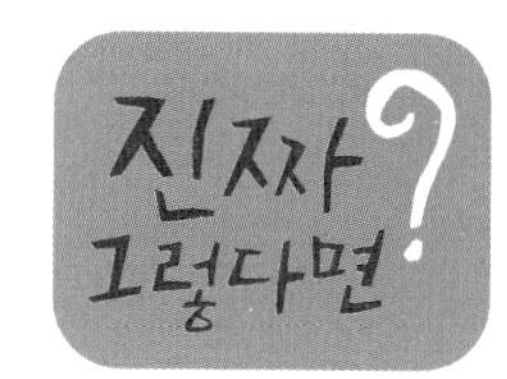

어쩌면 다른 거품 우주의 증거를 찾아낼 수 있을지 모른다. 다른 우주가 '거품 충돌'로 우리 우주에 충돌할 수도 있기 때문이다. 이런 충돌은 우주배경복사(빅뱅의 방사선 잔여물)에 온도가 다른 둥근 흔적을 남길 것이다. 하지만 이런 현상은 발견된 적 없고, 거품 충돌 시 일어날 일에 대해서 아는 사람도 없다. 글쎄… 거대한 비누 거품처럼 뻥 '터져' 몽땅 사라질지도.

놀라운 사실

끈 이론 방정식의 해법 가짓수는 **10**만에 **0**을 **495**개 더한 수다. 각각의 해법에 잘 들어맞는 시공간의 거품이 존재한다면, 그렇게 많은 거품 우주가 존재한다는 뜻이 될 것이다.

미국 철학자이자 물리학자 윌리엄 제임스William James가 **1895**년 '다중 우주'라는 용어를 처음 사용했다.

함께 생각하기

- 빅뱅 이론이 잘못된 것이라면 | 138쪽
- 만물이 끈으로 되어 있다면 | 142쪽

빅뱅 이론이 잘못된 것이라면

로드리 에반스 Rhodri Evans

우주론에서 1960년대까지 가장 인기 높던 '정상우주론'에 따르면 계속 팽창하는 우주에서 새로운 물질이 끊임없이 생겨나고 있다고 한다. 이 이론을 지지한 주요 학자는 영국 천문학자이자 수학자 프레드 호일Fred Hoyle이다. 그러나 이제 우리에게는 137억 년 전에 빅뱅이 일어났다는 확실한 증거가 있다. 뜨거운 초기 우주의 증거는 우주배경복사다. 우주에서 발견되는 수소, 헬륨, 리튬, 베릴륨의 양도 그 증거라고 할 수 있다.

하지만 137억 년 전에 일어난 빅뱅이 정말 우주의 시작일까? 꼭 그래야 하는 것은 아니다. 게다가 우리 우주가 절대 유일한 존재도 아니다. 우주 모형의 한 분파인 순환 우주 모형에 따르면 우리 우주가 끝없이 이어지는 팽창과 수축 가운데 지금 팽창 단계를 겪는지도 모른다.

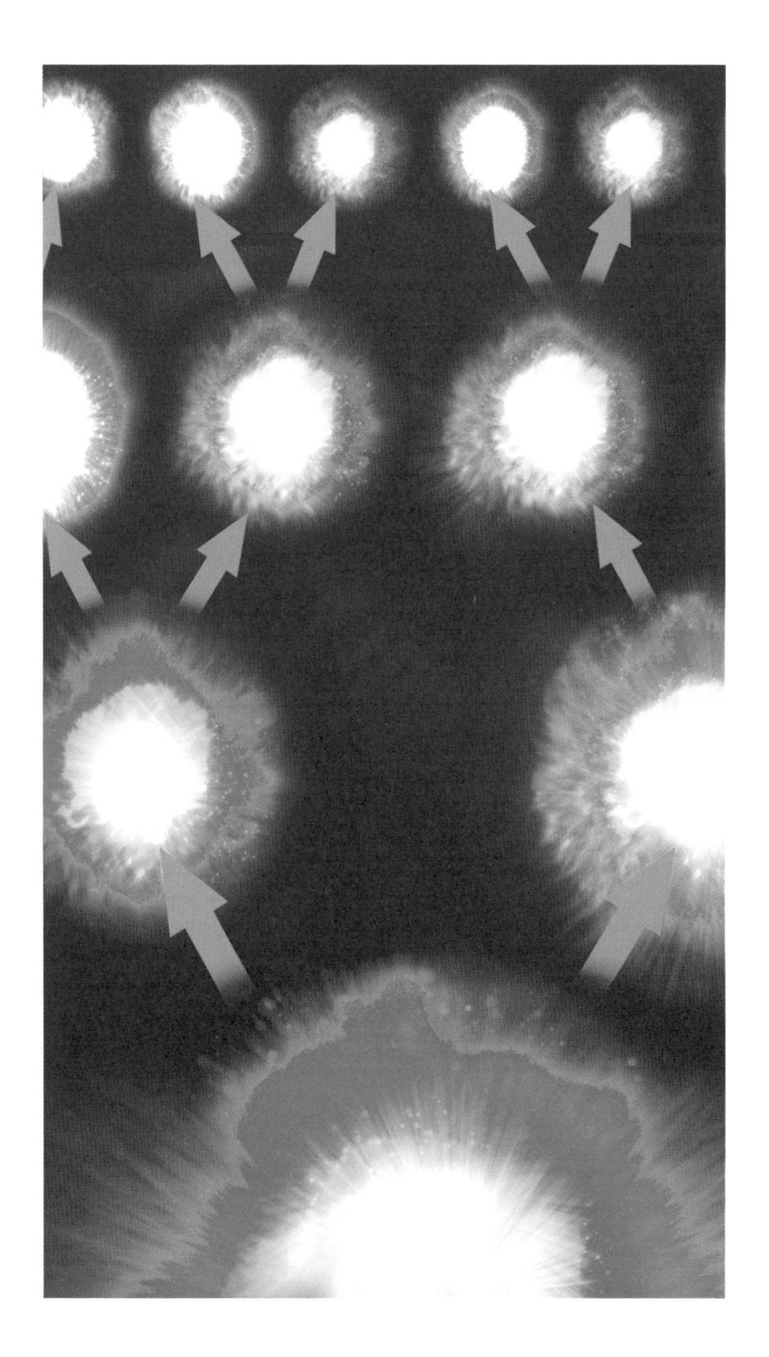

2010년, 영국의 수리물리학자 로저 펜로즈Sir Roger Penrose는 공형 순환 우주 모형을 제안했다. 이 모형에서는 우주가 영원한 팽창 상태를 겪으며, 모든 물질이 방사선으로 변환되면 새로운 '빅뱅'이 일어난다고 말한다. 펜로즈는 우리가 발견한 우주배경복사 이미지에 나타난 동심원들이 빅뱅보다 앞선 우주가 존재한다는 증거가 아니겠느냐고 묻는다. 게다가 물리학자들도 우리 우주가 여럿 중 하나일 뿐이라는 다중 우주론에 많은 관심을 기울이는 상황이다. 다중 우주 연구 분야 가운데 M 이론이 있다. 여기에서는 다중 우주가 각각의 막에 존재하고, 대부분 상대의 존재를 모른다고 한다. 하지만 가끔 서로 충돌하기도 하고, 충돌이 일어나면 이후 일종의 증거를 남긴다는 것이다.

우리가 계속된 팽창과 수축의 마지막 주기에 속한다고 가정하면 이런 궁금증이 생길 수도 있다. 각각의 팽창 단계 모습도 지금과 동일했을까? 아마 그렇지 않을 것이다. 우주가 발생할 때마다 상당히 다른 모습으로 만드는 무작위적인 사건들이 충분히 있었을 것이다.

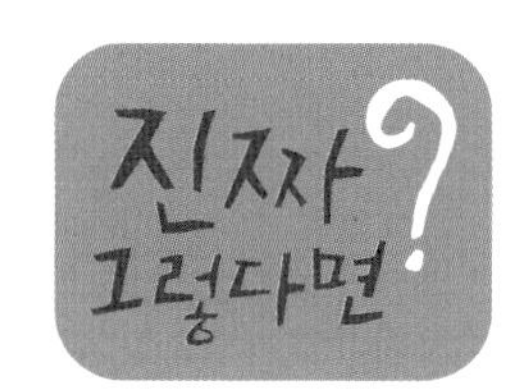

'우주가 별과 행성과 생명과 인류를 탄생시키기에 적합한 환경이 된 까닭은 무엇일까?' 우주론에서 가장 헷갈리는 질문이다. 우리 우주의 초기 단계에 무한한 순환이 있었다거나 다중 우주론이 옳다면, 이 같은 세심한 조율은 대개 우연에서 비롯된 것이라 할 수 있다.

우주배경복사가 시작된 시기 우주 나이는 대략 **37**만 **9,000**살이다.

우주배경복사의 온도는 **2.725**K(켈빈)이다. 원래 3,000K이던 것이 시간이 지나면서 우주의 팽창과 함께 식었다(2.725K은 −270.415℃, 3,000K은 2,726.85℃와 같다).

◆ 평행 우주가 존재한다면 | 134쪽

◆ 만물이 끈으로 되어 있다면 | 142쪽

만물이 끈으로 되어 있다면

브라이언 클레그 Brian Clegg

고대 그리스인들이 처음 내놓은 원자론은 우주 만물의 구조를 가장 기본적인 요소로 단순하게 만드는 이론이었다. 현대 원자론이 나오자, 사물이 몹시 단순해진 것처럼 보였다. 하지만 시간이 흐르면서 모형을 만드는 데 필요한 입자 수가 급격히 늘었다. 다양한 힘을 수송하는 입자들이 가세하면서 결과적으로 '표준 모형'은 아주 복잡해지고 말았다.

그런데 단일 '원자'로 돌아갈 방법이 하나 있다. 게다가 이 방법은 빅뱅 이론 같은 우주론의 대안까지 제시한다. 필요한 것은 하나, 우리 우주가 끈을 바탕으로 구성되었다는 발상이다. 여기에서 '끈'이란 눈에 보이는 끈이 아니라, 다양한 방식으로 진동하는 각 입자의 최소 단위를 가리킨다. 끈 이론을 보면 고대 그리스인들이 생각난다. 우

리 주위의 우주를 관찰함으로써 추론한 것이 아니라, 순수한 수학에서 비롯된 가능성을 세상에 적용한 이론이기 때문이다.

이 이론에서 가장 큰 문제는 이론이 성립되려면 우리에게 익숙한 4차원(공간의 3차원, 시간의 1차원)이 아니라 10차원이 필요하다는 사실일 것이다. 나머지 6차원 공간은 일상에서 경험할 수 있는 것이 아니다. 이 문제를 해결하기 위해서는 차원들이 촘촘하게 말려 있어 떼어낼 수 없다는 가정이 필요하다.

끈 이론에는 다양한 변종 이론이 있으며, 이를 통합한 이론이 M 이론이다. 이 이론에서는 공간 차원 하나와, 가장 단순한 단일 차원 안에 끈 하나가 존재하는 2차원 막을 기본단위로 추가한다. M 이론에서는 우리 우주가 3차원 막이며, 고차원 공간을 가로질러 흐른다고 본다. M 이론이 사실이라면 이것으로 빅뱅을 대신할 수 있다. 우리가 아는 우주가 두 막의 충돌로 생겨난 것이라고 말이다.

수많은 물리학자들이 끈 이론을 연구했으나, 이 이론에는 큰 허점이 하나 있다. 예측을 현실에서 실험으로 재확인할 방법이 도무지 없다는 사실이다. 끈 이론을 "이론이 아니라 짐작"이라거나 "오류라고 할 수도 없다"고 말하는 물리학자들이 있을 정도다. 루프 양자 중력 이론을 지지하는 독일 물리학자 마르틴 보요발트Martin Bojowald는 예측이 불가능하다는 것은 그 안에서 무슨 일도 일어날 수 있다는 뜻이므로, 끈 이론이야말로 궁극적인 만물의 이론이라고 지적했다.

놀라운 사실

우주에 존재하는 양성자의 수는 **10^{80}**개다. 그런데 끈 이론의 방정식의 해법은 우주에 존재하는 양성자보다 많다.

끈 이론에서 제시하는 공간적 차원은 **9**개다.

M 이론은 양립할 수 없는 **5**가지 끈 이론을 통합한 이론이다.

함께 생각하기

- 대통일이론과 만물의 법칙이 존재한다면 | 94쪽
- 시간과 공간이 고리를 형성한다면 | 146쪽

시간과 공간이 고리를 형성한다면

소피 헵든 Sophie Hebden

양자 중력 이론을 만드는 데 가장 큰 도움이 되는 것은 끈 이론이 아니다. 중력을 시공간의 기하학적 특성으로 설명하는 일반상대성이론과 원자 영역의 양자물리학을 통합하는 방법이야말로 물리학에서 해결하지 못한 가장 중요한 문제를 해결하는 방법일 수 있다. 그 때문에 루프 양자 중력 이론의 인기가 높아지고 있다.

이 이론에서 공간은 뚝뚝 끊어진 모서리가 교점으로 연결되어 탄생한 네트워크로 미세하게 짜였다. 마치 항공 경로 지도처럼 말이다. 이런 구조를 스핀 네트워크라고 부른다. 교점들 사이의 연결은 둥글게 휘어 고리나 꼬인 모양을 형성하며, 그 구불구불한 모양이 각기 다른 기본 입자들에 고유의 특성을 불어넣는다. 예를 들어 프레첼 모양 꼬임에서 전자가 형성될 수 있다. 하지만 그것을 시계 반

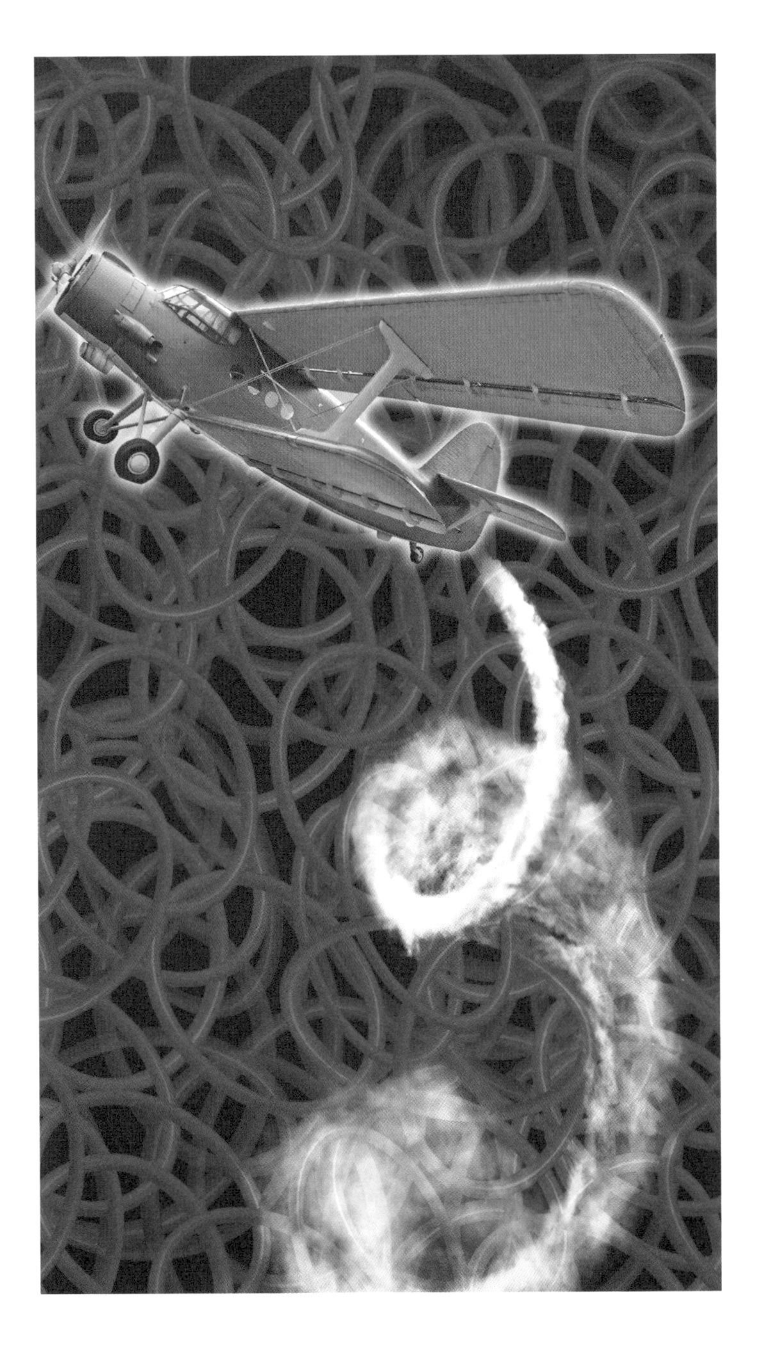

대 방향으로 세 번 꼬면 양전자가 된다. 가장 가벼운 입자들에는 제대로 적용할 수 있지만, 무거운 입자들에 적용하기에는 아직 풀지 못한 문제들이 있다.

루프 양자 중력 이론에 대한 연구는 1980년대 중반, 인도 물리학자 아브하이 아시테카Abhay Ashtekar가 일반상대성 이론의 표현 방법에 변화를 주면서 시작되었다. 그는 입자 물리학과 양자물리학에 쓰이는 언어에 수학적 언어를 도입했다. 이 이론의 가장 중요한 성과는 블랙홀에 들어 있는 정확한 엔트로피(혹은 정보)와 블랙홀이 발산하는 방사선을 예측했다는 사실을 꼽을 수 있다.

이론을 발전시켜 이처럼 혁혁한 성과를 거둔 사람은 1970년대와 1980년대 초, 이스라엘 물리학자 제이콥 베켄슈타인Jacob David Bekenstein과 영국인 동료 스티븐 호킹Stephen William Hawking이다. 루프 양자 중력 이론으로 이런 일을 해냈다는 사실에 세상이 놀랐다. 중력의 물리학과 열역학, 정보의 영역을 통합한 이론이기에 가능한 일이었다. 블랙홀을 가리켜 핵에 존재하는 수학적 특이성(즉 밀도가 무한하다는 점)을 이야기하는 대신, 그것이 또 다른 시공간 영역으로 열려 있다고 설명하는 점 역시 흥미롭다. 이 이론을 빅뱅에 적용한다면 우주가 끝이 없다는 예측이 나올 것이다.

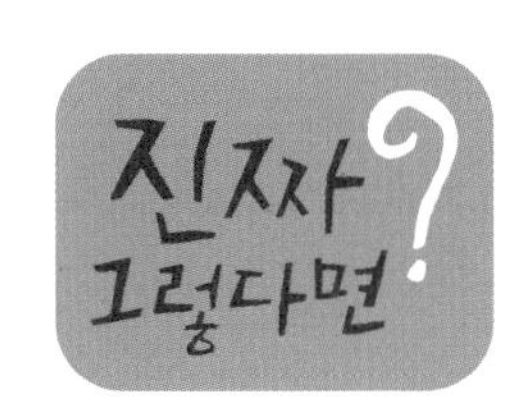

아인슈타인의 특수상대성이론에서는 빛의 속도가 우주 상수이며 독립적인 운동이라고 주장한다. 하지만 천문학자들은 감마선 폭발에서 비롯된 방사선(수십억 ly 떨어진 데서 일어난 폭발에서 나온 방사선이다)이 따로따로 도착한다는 사실을 발견했다. 고에너지 광자가 늦게 도착하는 까닭이 폭발 방식 때문인지, 우주를 지나는 여행 중에 누적된 영향 때문인지는 루프 양자 중력 이론에서 예측한 시공간의 미세 구조로 알아낼 수 있을지도 모른다.

스핀 거품 이론은 시공간의 양자 기하학을 설명하는 루프 양자 중력 이론의 변종이다.

루프 양자 중력 이론에서 추측한 개별 공간의 크기는 10^{-35}m다.

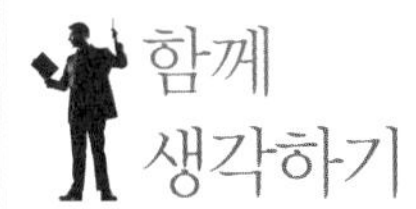

- 대통일이론과 만물의 법칙이 존재한다면 | 94쪽
- 만물이 끈으로 되어 있다면 | 142쪽

우리 은하가 우주의 전부가 아니라면

20세기 초 대다수 천문학자들은 우리 은하가 유일한 항성계이고, 그 중심은 태양이라고 생각했다. 이런 관점을 가장 잘 요약한 것이 캅테인 우주관이다. 네덜란드 천문학자 야코뷔스 캅테인Jacobus Cornelius Kapteyn의 이름을 딴 것으로, 그는 원반 모양 우리 은하 안의 단위면적당 별의 수를 자세히 관찰했다. 그런데 1910년 미국 천문학자 할로 섀플리Harlow Shapley는 케페우스형 변광성(시간이 지남에 따라 밝기가 달라지면서 밝게 빛나는 별의 집단)을 연구하던 중, 우리 은하의 중심에 우리가 있다는 생각과 지구에서 보이는 구상성단(공 모양으로 모인 별들)의 분포가 잘 들어맞지 않는다는 사실을 발견했다. 결국 그는 최근 발견된 별의 밝기와 파동의 관계를 이용해, 우주의 중심 주위를 도는 별들이 평평하게 분포한 원반에서도 가장자리 쪽에 우리

가 위치한다는 사실을 입증했다. 같은 1910년대 또 다른 미국인 천문학자 헤버 커티스Heber Curtis는 안드로메다 성운에서 관찰된 신성이 우리 은하에 존재하는 별보다 훨씬 많으며, 안드로메다 성운이 우리 은하의 일부일 개연성도 낮다는 주장을 내놓았다.

1920년 4월 26일, 두 천문학자는 미국 워싱턴Washington에 있는 스미소니언국립자연사박물관Smithsonian NMNH에서 만나 우리 은하의 특성과 우주에 대해 토론했다. 이 행사는 대논쟁이라고 세상에 알려졌다. 두 사람이 주장한 논점은 다음 세 가지다. 우리 은하에서 태양의 위치는 어디인가, 우리 은하의 크기는 얼마나 되나, 나선 성운은 우리 은하의 일부인가.

새플리는 우리 은하가 우주 전체라고 주장했지만, 커티스는 안드로메다와 그 외 우리와 비슷한 성운들이 '섬 우주'로 존재한다고 믿었다(섬 우주는 현재 우리가 은하라고 부르는 존재를 지칭하고자 독일 철학자 이마누엘 칸트Immanuel Kant가 처음 쓴 표현이다). 논쟁은 1923년 미국 캘리포니아California 로스앤젤레스Los Angeles 근교의 윌슨Wilson산 천문대에서 미국 천문학자 에드윈 허블이 지름 254cm 망원경으로 성운 관찰에 성공하면서 마침내 종식되었다.

안드로메다 성운을 관찰하던 허블은 하늘 곳곳에 퍼져 있는 수많은 성운을 확인했다. 그는 천체를 정기적으로 관찰해왔기에 이들 중 하나가 신성이 아니라 케페우스형 변광성이라는 사실을 알아차렸다. 케페우스형 변광성은 정해진 기간에 맞춰 시시각각 다양한 밝기를 보여주는 별이라, 항성들의 거리를 추정하는 데 사용되었다. 허블은 안드로메다 성운 내의 케페우스형 변광성을 이용해, 안드로메다 성운이 지나치게 멀리 떨어져서 우리 은하의 일부가 될 수 없다는 사실을 증명했다. 안드로메다 성운이 사실상 독립적인 은하라는 사실을 밝혀낸 허블은 그와 유사한 나선 성운들도 우리 은하 바깥에 존재하는 것들이라고 주장했다.

허블은 이후 계속해서 나선 성운의 스펙트럼, 즉 그들이 발산하는 빛 파장의 범위를 측정했다. 거의 모든 나선 성운의 스펙트럼이 붉은 쪽으로 치우쳤다. 그 말은 그들이 우리 은하에서 멀어지고 있다는 뜻이다. 허블은 나선 성운이 멀어지는 속도가 우리 은하와 거리에 비례한다는 사실도 발견했다. 1929년 그는 자신이 발견한 것을 세상에 발표했다. 그가 발견한 것은 우주의 팽창이다. 이 발견에서 자연스럽게 과거 우주는 지금보다 작았으며, 어느 순간 우주 시작의 시기(빅뱅)가 있었다는 결론이 도출되었다.

우주가 무한하다면

로드리 에반스 Rhodri Evans

우주는 얼마나 클까? 알 수 없다. 하지만 137억 년 전, 아주 뜨겁고 밀도 높은 상태에서 우주가 시작되었고, 이후 쭉 팽창해왔다는 증거는 확실하다. 우리는 130억 년 전, 우주의 나이가 10억 년도 되지 않았을 때의 모습을 볼 수 있다. 우리 눈에 보이는 가장 오래된 방사선이자 빅뱅의 메아리라 할 수 있는 우주배경복사는 빅뱅이 있고 40만 년 정도 지났을 때 발생했다. 우주의 열기가 수소를 품을 수 있을 정도로 식고, 중성을 띤 시기다.

우주는 계속 팽창하므로 관측 가능한 우주는 274억 ly보다 먼 거리지만, 정말 우주가 137억 살이라면 현재 우리 눈에는 137억 년 동안 여행해온 빛 이상은 보이지 않는 것이 옳다. 우주의 지름은 137억 ly보다 훨씬 큰, 아마 수천 배나 큰 공 모양일지 모른다. 어쩌면 그 길이가 무한할 수

도 있다. 우리 눈에 보이는 것이라고는 137억 ly 거리뿐이니 알 수 없는 일이다.

우주론자들은 아인슈타인의 일반상대성이론과 중력을 기하학과 연결시킨 우주 기하학에 대해 말한다. 그 하나가 평탄한 우주로, 우리 우주가 물질이 붕괴되기 직전의 밀도(임계밀도) 상태라는 것이다. 지금까지 측량한 우주의 기하학적 수치들은 우주가 정말 평평하다는 것을 암시한다. 그러나 가시적 우주는 그야말로 우주의 아주 작은 부분일 뿐이며, 측량 가능한 범위도 몹시 지엽적일 수밖에 없다.

이렇게 생각해보면 쉽게 이해될 것이다. 지표면이 곡면이라는 사실을 모르는 사람은 없다. 하지만 그 곡률을 우리 집 뒷마당에서 측량하겠다고 들면, 눈에 보이는 구역이 아주 작기 때문에 사실상 곡률은 감지할 수 없을 것이다. 우주의 기하학적 구조를 측량하는 것도 이와 같은 상황이라고 보면 된다.

무한한 우주에서는 가능성도 무한하다. 어딘가 다른 곳에 우리 지구와 꼭 닮은 행성이 있거나, 심지어 당신과 나를 닮은 복사본이 있을 가능성도 없지 않다. 우주가 무한하다면, 그 안에 얼마나 많은 물질이 존재하는지 염두에 두지 않는다면 우주의 팽창은 영원할 것이다. 무한한 공간을 점유하면 그 밀도가 0에 접근할 테니 말이다.

놀라운 사실

관측 가능한 우주의 저쪽 끝에서 이쪽 끝까지 거리는 **930**억 ly이다. 최초의 빛이 우리를 향해 오는 동안 우주는 계속 팽창했을 것이다.

우주 탄생의 첫 순간, 팽창기를 지나며 우주는 10^{78}배 정도 확장되었을 것으로 생각된다.

함께 생각하기

- 아인슈타인이 틀렸다면 | 130쪽
- 평행 우주가 존재한다면 | 134쪽

반물질이 있다면

브라이언 클레그 Brian Clegg

반물질이라고 하면 공상과학소설에 나올 법한 말로 들릴 텐데, 이것은 진짜 물리적 현상이다. 반물질은 여러모로 보통 물질들과 거의 비슷하지만, 물질 입자와는 정반대 전하가 있다.

학자들이 처음 예측한 반물질 입자는 양전자 혹은 반전자라는 것이다. 이는 전자와 유사하지만 전하가 반대다. 물론 전자처럼 전하를 띠지 않는 입자들에게도 반물질이 존재한다. 반중성자는 전하를 띠지 않지만, 중성자 내부의 쿼크와 반대 전하가 있는 쿼크로 구성된다. 중성자는 양전하 쿼크 하나와 음전하 쿼크 두 개로 구성되는데, 반중성자에는 음전하 반쿼크 하나와 양전하 반쿼크 두 개가 있는 것이다.

하지만 우리 눈에는 주변에 널린 반물질이 보이지 않는

다. 짝을 이루는 물질과 반물질 입자들이 서로 궤멸해 자신들의 질량을 상당량의 에너지로 바꾸기 때문이다. 이를 규명한 공식이 $E=mc^2$이며, 여기에서 c는 가공할 만큼 빠른 빛의 속도를 가리킨다. 미국 TV 드라마 '스타트렉'에 나오는 엔터프라이즈호가 동력을 얻는 원천이 반물질 반응이다. 근거로 삼은 역학 자체는 가상의 것이지만, 꽤 합리적인 발상이다. 물질과 반물질의 작용이야말로 가장 농축된 에너지이기 때문이다.

빅뱅 이론에 따르면 최초의 우주는 소용돌이치는 에너지 공이었다고 한다. 그것이 팽창하고 식으면서 에너지가 동일한 물질과 반물질로 변환된 것이다. 우리가 아는 이 우주에는 종전 물질이 거의 전부 존재한다. 이를 뒷받침하는 발상 가운데 최고는 다음과 같다. 반물질 입자보다 입자가 조금 많이 존재하는 바람에 당연히 균형을 이뤘어야 할 입자와 반입자가 미미한 균열을 일으키며 서로 궤멸하고, 오늘날 우리가 아는 물질들만 남았다는 것이다. 그게 아니라면 가시적 우주 바깥 광대한 지역을 반물질이 차지할 가능성도 있다.

반물질을 만들 수는 있지만 아주 적은 양일 뿐이다. 반물질을 무리 없이 만들어내는 방법을 안다면 우리에게 엄청난 에너지원이 생길 것이다. 하지만 반물질은 저장하기 어렵다는 문제가 있다. 양전자와 반양성자처럼 전하를 띤 반물질 입자들은 전자기장 덫으로 물질에 묶어둘 수 있다. 중성인 입자와 완벽한 반원자는 그렇게 하는 것이 불가능하지만, 입자 스핀으로 작은 자기장을 일으켜 조금이나마 통제 능력을 얻을 수도 있을 것이다.

현재 1년에 전 세계에서 생산되는 반물질은 **1/1,000,000**g이다.

물질과 반물질 1kg을 결합시켜 발생시킨 것과 동일한 에너지를 일반 발전소에서 생산하는 데 **10**년이 걸린다.

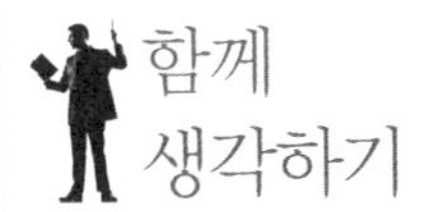

- 반물질이 반중력을 느낀다면 | 102쪽
- 텅 빈 우주가 꽉 찬다면 | 182쪽

05 Astrophysics

천체물리학

우주론이 우주의 기원과 특성에 대해 이야기한다면, 천체물리학은 별의 운동과 우주에 사는 다른 생명체를 탐구하는 학문이다.

오랜 세월 과학자들은 태양 같은 별들이 그토록 오랫동안 계속 타오를 수 있는 까닭을 알아내고자 애썼다. 그것들이 타오르고 있다는 사실은 명백했지만, 열과 빛이라는 유사한 조합을 만들어낸다는 사실 외에는 알려진 바 없었다. 게다가 문제가 있었다. 태양이 석탄(지속적으로 타는 물질 가운데 친숙한 것이라 할 수 있다)으로 구성되었다고 가정해 계산을 하면, 지속 기간이 수백만 년밖에 산출되지 않았기 때문이다. 그러나 19세기에는 지구가 그보다 훨씬 긴 시간 존재했다는 확실한 증거가 있었다. 그 말은 태양도 그만큼 오래 존재했다는 뜻이다.

초창기에 기하학적으로 추산한 지구의 나이는 10억 년이었으나, 그 값은 점차 늘어 45억 년이 되었다. 세상에 그렇게 오래 탈 수 있는 물질은 없다. 핵반응이 발견된 뒤에야 태양이 전혀 다른 에너지원을 사용하고 있다는 사실이 확실해졌다. 바로 핵융합. 타오르면서 화학결합이 쪼개지는 것이 아니라 수소의 핵융합을 통해 두 번째로 무거운 원소인 헬륨을 형성하고, 그 과정에서 에너지가 발산되는 것이다.

우리는 그 외에도 여러 화학원소들의 존재를 구분할 수 있다. 원소마다 파장이 다른 빛을 흡수해 별에서 발산된 빛의 스펙트럼에 검은 띠를 남기고, 그것이 일종의 광 지문 판독기 역할을 하기 때문이다.

천체물리학은 아인슈타인의 일반상대성이론이 등장함에 따라 비약적으로 발전했다. 중력은 물론, 그 중력과 별

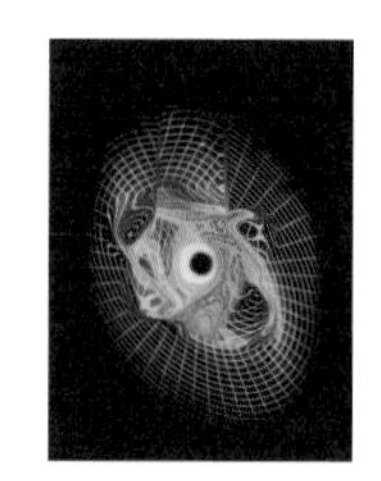
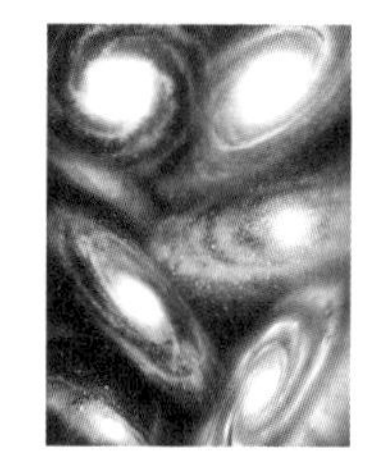

을 구성하는 입자들에 작용하는 여러 힘들의 관계를 처음으로 설명할 수 있었다. 별이 갑작스럽게 우주 전체보다 밝은 빛을 내며 폭발하는 초신성의 여파로 밀도가 엄청나게 높은 별들, 즉 중성자별이 생겨난 것이라는 관측도 가능해졌다. 또 일반상대성이론은 별 내부의 모든 것이 시공간의 한 점으로 수축하는 궁극적 붕괴가 가능하다고 주장했다. 빛조차 탈출할 수 없는 그 기묘한 천체에 1960년대, '블랙홀'이라는 이름이 붙었다.

엄청나게 빠른 속도로 주기적인 방사선을 방출하는 펄서부터 지극히 밝은 아기 은하라 할 수 있는 퀘이사까지 우주는 계속해서 놀라움을 안겨주었다. 천체물리학자에게 우주는 언제나 매력적인 것들로 가득한 별난 동물원이다.

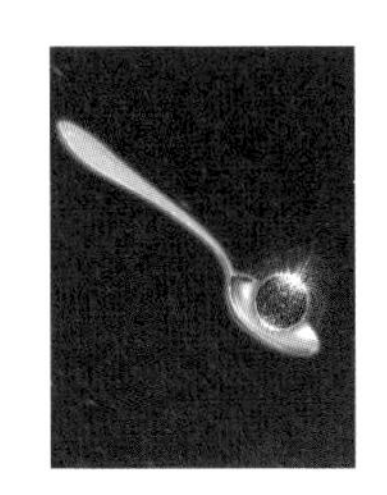

달에 조석력이 없다면

로드리 에반스 Rhodri Evans

조석력의 작용을 처음 제대로 설명한 인물은 영국 물리학자 뉴턴이다. 그는 중력의 법칙을 기초로 지구가 양쪽이 부풀어 오른 타원에 가까운 구형이고, 매일 두 번씩 밀물과 썰물이 밀려왔다 나가는 것은 달 중력의 영향이라는 사실을 증명했다.

천체물리학에서 '조석력'은 보다 넓은 의미라고 할 수 있다. 면적이 있는 물체가 각기 다른 부분에서 느끼는 각기 다른 중력의 힘이다. 지구에서 달과 가까운 쪽에서 느끼는 중력은 달과 가장 먼 쪽에서 느끼는 중력과 다르다. 뉴턴은 모든 작용에는 크기가 동일한 반작용이 존재한다고도 주장했다. 그 말은 달이 지구에 조석력을 행사하듯, 지구 또한 달에 조석력을 행사한다는 뜻이다.

달의 자전이 27.3일로 공전주기와 동일한 것 역시 지구

가 달에 미치는 조석력의 결과다. 그래서 우리 눈에는 늘 달의 같은 면이 보인다. 달 표면에서 하늘에 걸린 지구를 바라본다면, 지구는 뜨지도 지지도 않은 채 언제나 그 사람의 지평선을 기준으로 동일한 높이에 머물러 있을 것이다. 달이 만들어내는 조석력은 지구 위의 물과 땅에 영향을 미쳐 하루에 두 번씩 당겨졌다 떨어지게 하고, 액체 상태인 물은 그 영향을 더 심하게 받는다.

밀물 때와 썰물 때 해변에서 보이는 바다의 높이가 다르다는 사실을 우리 모두 잘 알고 있다. 밀물과 썰물 사이에 물이 밀려들었다가 나가는 현상을 이용해 전기를 생산할 수 있다. 매우 규칙적이면서 매일 새롭게 생겨나는 에너지를 이용해 전기를 만들고자 여러 프로젝트가 진행되고 있다.

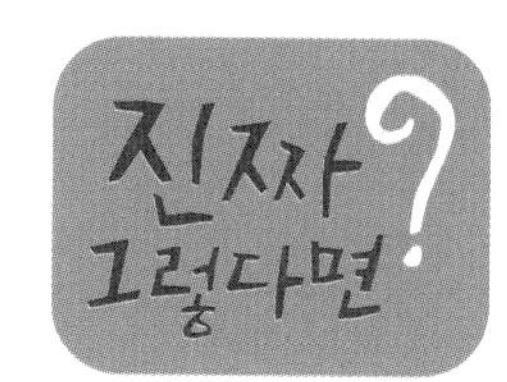

달이 지구에 미치는 조석력은 지구의 자전을 느려지게 한다. 나이테 한 개가 생성되는 데 걸리는 시간이 과거보다 늘어났다는 사실이 그 증거다. 하루가 짧아지고 있다는 뜻이다. 각운동량을 보존하기 위해, 지구의 자전이 느려지는 동안 달은 1년에 3cm씩 지구에서 멀어지고 있다. 나사 우주선 아폴로의 우주 비행사들이 달 표면에 남기고 온 거울에 레이저 빔을 쏜 뒤, 그 반사를 관찰해 이런 움직임을 확인할 수 있다.

놀라운 사실

영국 남부의 세번Severn 강 하구에 길이 15km 보를 건설한다면, 조석 간만의 차를 이용해 생산할 수 있는 전기의 양은 **90**억 W다. 이는 영국 전체 에너지 소비량의 5%가 넘는다.

수성의 하루는 지구 시간을 기준으로 **50**일이다. 태양의 조석력 때문에 수성은 지구를 두 바퀴 도는 동안 세 번밖에 자전하지 않는다.

함께 생각하기

- 중력이 물리력이 아니라면 | 78쪽
- 블랙홀에 털이 있다면 | 190쪽

한 숟가락의 물질이 1억 t이 나간다면

로드리 에반스 Rhodri Evans

도시 하나 크기면서 태양의 질량이 있는 것은? 답은 중성자별이다. 중성자별은 원자 내의 모든 공간이 압축된 놀라운 천체다. 원자는 공간이 대부분 텅 비었다. 사실상 원자의 질량을 거의 모두 책임지는 핵은 원자 전체에서 아주 작은 부분에 지나지 않는다. 핵이 쌀알 크기라면, 원자는 축구장 크기에 맞먹을 것이다. 그리고 그 공간은 대부분 텅 비었다. 그런데 중성자별에는 빈 공간이 전혀 없다.

1930년대 초반, 인도 태생 미국인 이론 천체물리학자 수브라마니안 찬드라세카르Subrahmanyan Chandrasekhar는 생명이 거의 다한 별의 잔여물인 백색왜성의 질량이 태양 질량의 1.4배 이상이라면, 중력 때문에 원자의 모든 공간이 찌부러지면서 붕괴되어 원자 내부에 아무런 공간도 존재하지

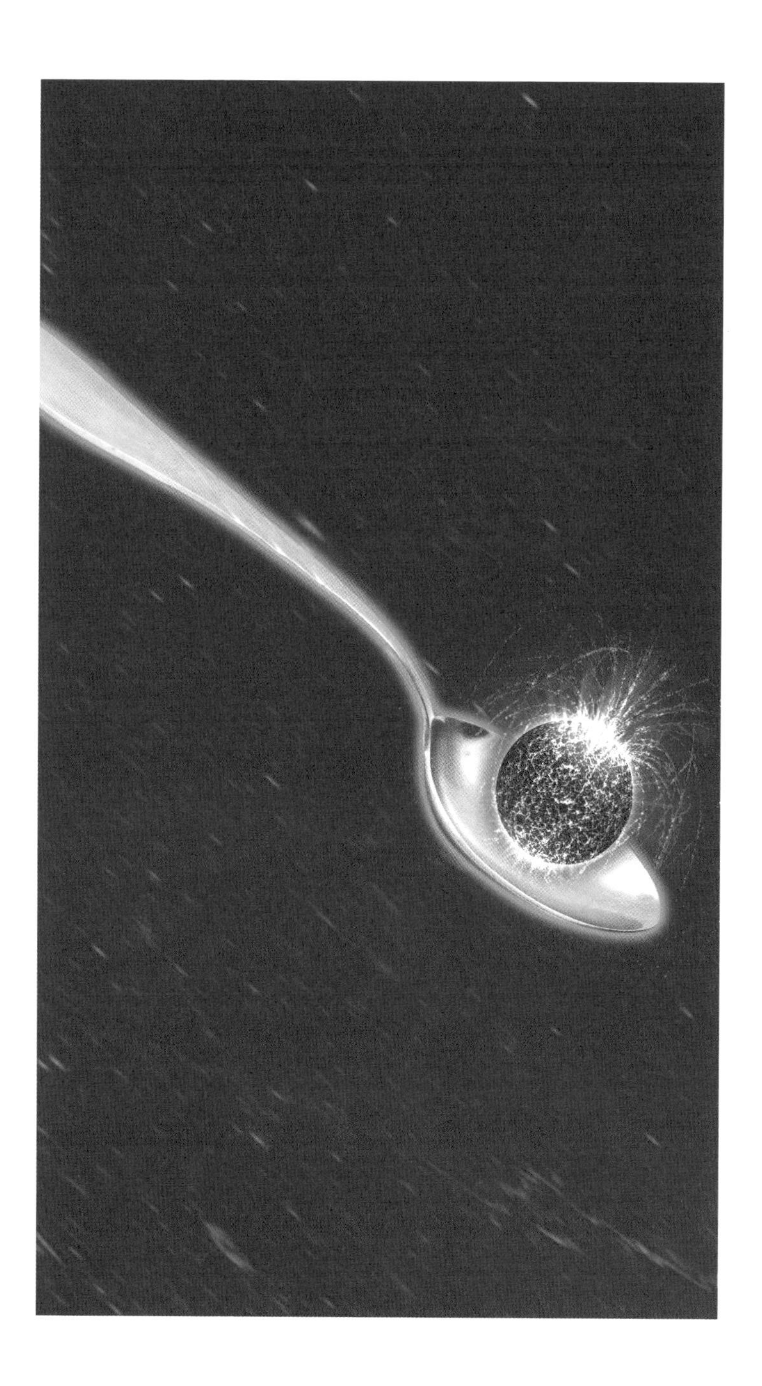

않는 중성자 구가 될 것이라고 추정했다. 붕괴 때문에 원자 내의 모든 공간이 사라지고, 전자들이 핵 안으로 밀려들어 중성자와 결합함으로써 순수한 중성자 구를 만들어 낸다(이를 가리켜 역 베타붕괴라고 말한다). 이것이 바로 중성자별이다.

태양은 생을 마칠 무렵이 되더라도 중성자별이 될 수 없다. 질량이 그만큼 크지 않기 때문이다. 하지만 최초 질량이 태양의 세 배쯤 되는 별은 그 잔여물이 붕괴되어 중성자별이 된다. 중성자별은 우리가 아는 한도에서 가장 밀도 높은 축에 속하는 천체다. 중성자별보다 밀도가 높은 천체는 블랙홀이 유일하다. 지구에서 75kg 나가는 사람이 중성자별 표면에 서면 100억 t, 아니 족히 110억 t은 나갈 것이다!

백색왜성이 붕괴되어 중성자별이 되면서 대규모 중성자 물결을 방출하는데, 이는 자연 속에서 가장 찾기 어려운 입자라고 할 수 있다. 이들 중성자는 지구를 지나가는데, 바로 이 중성자 물결을 탐지해서 백색왜성이 붕괴해 중성자별이 되었다는 사실을 알 수 있는 것이다. 별을 둘러싼 물질들이 붕괴하면서 중성자가 되었다가 다시 튀어나오면, 별은 초신성으로 폭발한다. 이 초신성의 폭발 안에서 탄소를 위시한 주기율표의 원소들이 생성된다.

게성운이라고 알려진 곳의 중심에서 중성자별 하나가 생겨난 해는 **1054**년이다. 초신성 폭발은 한 달 동안 낮 시간에 볼 수 있었다. 별이 붕괴되어 중성자별이 생성되면 잠시 동안 은하보다 밝은 빛이 난다.

중성자별의 밀도는 납 밀도의 **400**억 배다.

함께 생각하기

- 1초에 600번 자전하는 별이 있다면 | 174쪽
- 별과 초신성에서 원소가 만들어진다면 | 178쪽

1초에 600번 자전하는 별이 있다면

로드리 에반스 Rhodri Evans

영국의 박사 과정 학생 조슬린 벨Jocelyn Bell은 1967년 11월, 일련의 전파 신호에 'LGM'이라는 이름을 붙였다. LGM은 '작은 녹색 사람들'의 약자다. 벨과 그녀의 지도 교수인 전파천문학자 안토니 휴이시Antony Hewish는 한동안 그 이름이 자신들이 발견한 이 전파 신호에 잘 어울린다고 생각했다. 신호는 정확히 1.33초 간격으로 계속 감지되었다.

처음에 두 사람은 패턴이 아주 규칙적이라 외계인이 보낸 신호라고 보는 게 가장 그럴듯하다고 생각했다. 그러나 하늘 전혀 반대쪽에서 규칙적인 전파 신호가 또다시 발견되자, 이 이론은 사실상 폐기되었다. 벨과 휴이시가 발견한 것은 고속으로 자전하는 중성자별에서 온 전파 신호다. 이 신호에는 '펄서'라는 이름이 붙었으며, 그 정체를 설명

하기 위한 이론이 빠르게 발달했다.

중성자별은 강렬한 자기장이 있으며, 이 자기장은 별 표면에서 전자를 뜯어낼 수 있다. 그렇게 떨어져 나온 전자들은 속도가 매우 빨라지고 전자파를 방출한다. 신호주기는 중성자별의 자전주기며, 중성자별이 자전하는 동안 마치 등대에서 나오는 빛줄기처럼 눈앞을 지나가는 전파줄기를 볼 수 있다.

1968년 게성운 중심에서 펄서 하나가 발견되었다. 이는 1054년에 폭발한 초신성의 잔여물로 파악되었다. 게성운 펄서의 주기는 고작 0.033초다. 중성자별이 1초에 30번 이상 돈다는 뜻이다. 그리고 1982년에 0.0016초 주기의 펄서가 발견되었다. 별이 1초에 625번 자전한다는 뜻이다.

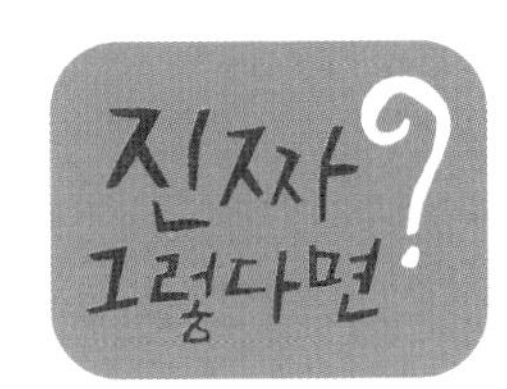

수많은 펄서들의 주기는 이처럼 몹시 짧고 규칙적이다. 우리가 시간을 지킬 수 있도록 도와주는 최고 성능 원자시계에 필적할 정도다. 쌍성계에서는 펄서가 느려지는데, 이 측정값을 이용해 일반상대성이론에서 예측한 중력파의 존재를 간접적으로 시험해볼 수 있다. 1994년 최초로 발견된 태양계 밖의 행성은 펄서 주위를 돌고 있었다. 그 행성을 발견한 것은 펄서 주기에 규칙적인 변화가 관측되었기 때문이다. 이는 보이지 않는 천체가 펄서 주위를 돌고 있다는 뜻이다.

놀라운 사실

반지름이 **10** km 정도 되는 중성자별이 우리 태양의 전체보다 질량이 크다.

반지름이 10km고 질량은 태양의 1.5배인 중성자별의 표면에서 느끼는 중력은 지표면에서 느끼는 중력보다 **1,300**억 배 크다.

함께 생각하기

- 중력이 물리력이 아니라면 | 78쪽
- 한 숟가락의 물질이 1억 t이 나간다면 | 170쪽

별과 초신성에서 원소가 만들어진다면

1920년대 영국의 천문학자 아서 에딩턴은 별들이 핵에 함유된 수소를 헬륨으로 변환하면서 에너지를 얻는다는 사실을 알아냈다. 별과 우주는 대부분 수소(약 74%)와 헬륨(약 24%)으로 구성되었다. 그 밖의 원소는 2%에 지나지 않는다. 그런데 지구의 지각은 약 46%가 산소, 28%가 규소, 8%가 알루미늄, 5%가 철이며, 인간의 몸은 65%가 산소, 18%가 탄소, 3%가 수소로 구성된다. 별이나 우주의 구성과는 확실히 다른 비율이다. 그렇다면 이런 원소들은 과연 어디에서 왔을까? 맨 처음 수소와 헬륨은 어떻게 생겨났을까?

1940년대 과학자들은 옛 우주가 지금보다 훨씬 작았고 밀도가 높았으며 뜨거웠다는 사실을 알아냈다. 연구를 이끈 러시아계 미국인 조지 가모George Gamow는 이를 '빅뱅 핵 합성'이라고 일컬었다. 초기 우주에서 처음 생겨난 원소는 가장 단순한 수소다. 우주 탄생 후 첫 3분간, 수소 원자 네 개가 융합해 헬륨을 만들기 충분할 정도로 밀도가 높고 뜨거웠다. 그러나 시간이 흐르면서 우주는 팽창하고 온도와 밀도가 떨어져 3분 뒤에는 합성이 멈췄으며, 지금과 같은 비율의 수소와 헬륨이 남았다. 이처럼 빅뱅 핵 합성은 수소와 헬륨이 풍부하게 관찰되는 원인을 설명해주는 이론

이다. 그러나 다른 것들, 즉 더 무거운 원소들은 어디에서 왔을까?

1950년대 영국 천문학자 프레드 호일, 윌리엄 파울러William Alfred Fowler, 마거릿 버비지Margaret Burbidge와 제프리 버비지Geoffrey Burbidge는 무거운 원소들이 별과 초신성 폭발에서 생겨난다는 사실을 증명했다. 이를 가리켜 '항성 핵 합성'이라고 한다. 우리 태양과 같이 비교적 질량이 낮은 별들은 핵에서 수소를 태워 헬륨을 만들어내고, 이 작업을 반복하는 데 일생의 90%를 쓴다. 핵 안의 수소를 모두 소진하면 별은 핵 껍질 속의 수소를 태우면서 팽창해 붉은 거성이 된다. 핵은 헬륨이 타버릴 정도로 뜨거워지면서 탄소를 만들어낸다. 태양과 질량이 비슷한 별은 핵 내부 온도와 압력이 그렇게 높지 않기 때문에 다음 단계로 넘어갈 수 없다. 그런 별은 바깥층을 행성상 성운 형태로 날려버리고, 백색왜성이라고 불리는 탄소 구를 남긴다.

그러나 질량이 큰(태양 질량의 다섯 배 이상인) 별들은 핵 내부 온도와 압력이 무척 높아서 탄소를 태워 산소를 생성하고, 산소를 태워 규소를 생성하고, 일련의 과정을 거쳐 결국 철이 된다. 철은 핵을 가장 단단하게 뭉치도록 만드는 물질이므로 타오르는 철에서 에너지 한 톨도 빠져나올 수 없으며, 그 결과 모든 과정이 멈춘다. 핵 용광로가 갑자기 사라지면서 주위의 층들이 붕괴한다. 그리고 철 성분의 새 핵이 만들어졌다가 다시 튀어나오면서 별을 산산이 찢는다. 이렇게 질량이 높은 별의 폭발을 가리켜 초신성이라고 한다. 초신성 폭발에서 철보다 질량이 높은 원소들은 물론 우라늄까지 만들어진다. 그러므로 산소와 탄소가 주성분인 우리 몸은 우주 먼지(소성단)라고 할 수 있다. 별들에게 참으로 큰 신세를 졌다.

텅 빈 우주가 꽉 찬다면

프랭크 클로즈 Frank Close

아무것도 만들지 않았는데 성공한 이는 없다. 지구의 대기 위에 존재하는 진공의 우주는 친숙한 물질, 이상한 물질, 이런저런 물질로 소용돌이치고 있다. 수백 년 전 사람들은 공기와 가스를 제거해 진공상태가 되면 정말 텅 빈 공간을 만들 수 있다고 믿었다.

진공은 몹시 기묘하다. 태양은 보이지만 들리지 않는다. 음파에는 매개가 필요한데, 공기가 없다 보니 우리 귀에는 격렬하게 작용하는 태양의 소리가 들리지 않는 것이다. 그 소리가 들렸다면 격렬한 진동 때문에 형체가 있는 지구상의 모든 존재가 파괴되었을지도 모른다. 태양의 모습을 볼 수 있는 것은 빛, 즉 전자기파가 우주를 가로지르기 때문이다.

그런데 빛은 파장으로 되었다. 이 파장의 매개체는 과

연 무엇일까? 파장을 만드는 데 매개가 꼭 필요할까? 이 때문에 19세기 후반 사람들은 우주에 뭔가 중요한 것들이 가득하리라고 생각했으며, 그것을 가리켜 '에테르'라고 불렀다. 그러나 안타깝게도 이 개념은 다른 사실들과 맞아떨어지지 않았다. 이를테면 행성이 아무 방해도 받지 않고 공간을 이동한다는 사실과 맞지 않았다. 아인슈타인의 특수상대성이론에서는 에테르 개념을 빼버렸다.

이제 우리는 우주에 중력장과 더불어 진동이 가능한 전기장과 자기장이 가득하다고 생각한다. 텅 빈 것과 거리가 멀다. 양자론 또한 우주가 휙 하고 존재했다 휙 하고 사라지는 일시적인 물질과 반물질 '가상' 입자들로 소용돌이친다고 말한다. '텅 빈' 우주를 관찰하는 현미경의 성능이 뛰어날수록 이런 양자 거품은 더욱 격렬해 보인다.

이런 발상으로 입자들의 기본 힘이 아주 짧은 거리에서 작용하는 방식이라든지, 적절한 환경이라면 이들 가상 입자를 진공에서 끄집어내 연구가 가능하다든지 하는 여러 가지 현상을 설명할 수 있다. 힉스 입자의 발견은 우주에 또 다른 장, 즉 힉스 장이 채워져 있다는 사실을 암시한다. 힉스 장은 전자 같은 기본 물질에 질량을 부여한다. 결국 우리가 몸을 담그고 있는 것은 상대성이론을 충족하는 에테르라 하겠다.

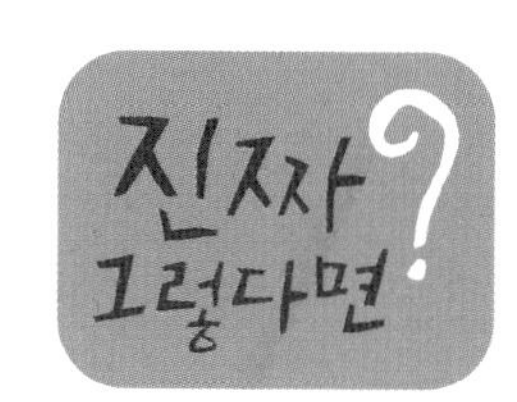

우주에는 중력장이 가득해서 중력파가 있을 수밖에 없다. 아직 증거가 발견되지 않았지만, 필요한 실험이 아주 어렵기 때문일 것이다. 힉스 장은 존재가 알려졌지만, 그 형성 과정과 구조, 그 안에 포함되었을지 모르는 새로운 가상 입자 등은 알아내야 할 과제다. 우주에는 암흑 에너지가 존재하지만, 그 구성 물질에 관해서도 우리는 아는 바 없다.

이탈리아 물리학자 에반젤리스타 토리첼리 Evangelista Torricelli가 진공을 만들어낸 해는 **1643**년이다.

수소 원자 내 전자의 움직임에 영향을 받은 가상 입자 때문에 수소 스펙트럼에서 일어나는 약한 현상을 **램 이동**이라 한다.

함께 생각하기

- 힉스 입자가 존재하지 않는다면 | 110쪽
- 암흑 물질이 없다면 | 194쪽

블랙홀 안으로 들어간다면

로드리 에반스 Rhodri Evans

블랙홀은 우주에서 가장 알 수 없는 물질이다. 보통은 블랙홀이 아인슈타인의 일반상대성이론과 연관된다고 생각하지만, 그 존재를 최초로 제기한 것은 1783년 영국 지질학자 존 미셸John Michell이다. 그러나 기이한 블랙홀의 특성을 제대로 이해한 것은 오직 아인슈타인의 이론 덕이다.

블랙홀은 단순히 이론적 발상이 아니다. 블랙홀이 존재한다는 강력한 증거가 나온 것은 1970년대 백조자리 X1이라는 강력한 엑스선 동력원을 발견하면서다. 블랙홀 안으로 떨어진 물질은 수백만 ℃까지 치솟으며 엑스선을 방출한다. 간단히 말해 블랙홀 밀도가 높아서 빛마저 탈출할 수가 없는 것이다. 이제까지 알아낸 것들을 바탕으로 보면 블랙홀 중심의 밀도는 무한대다. 그러나 이는 블랙홀에서

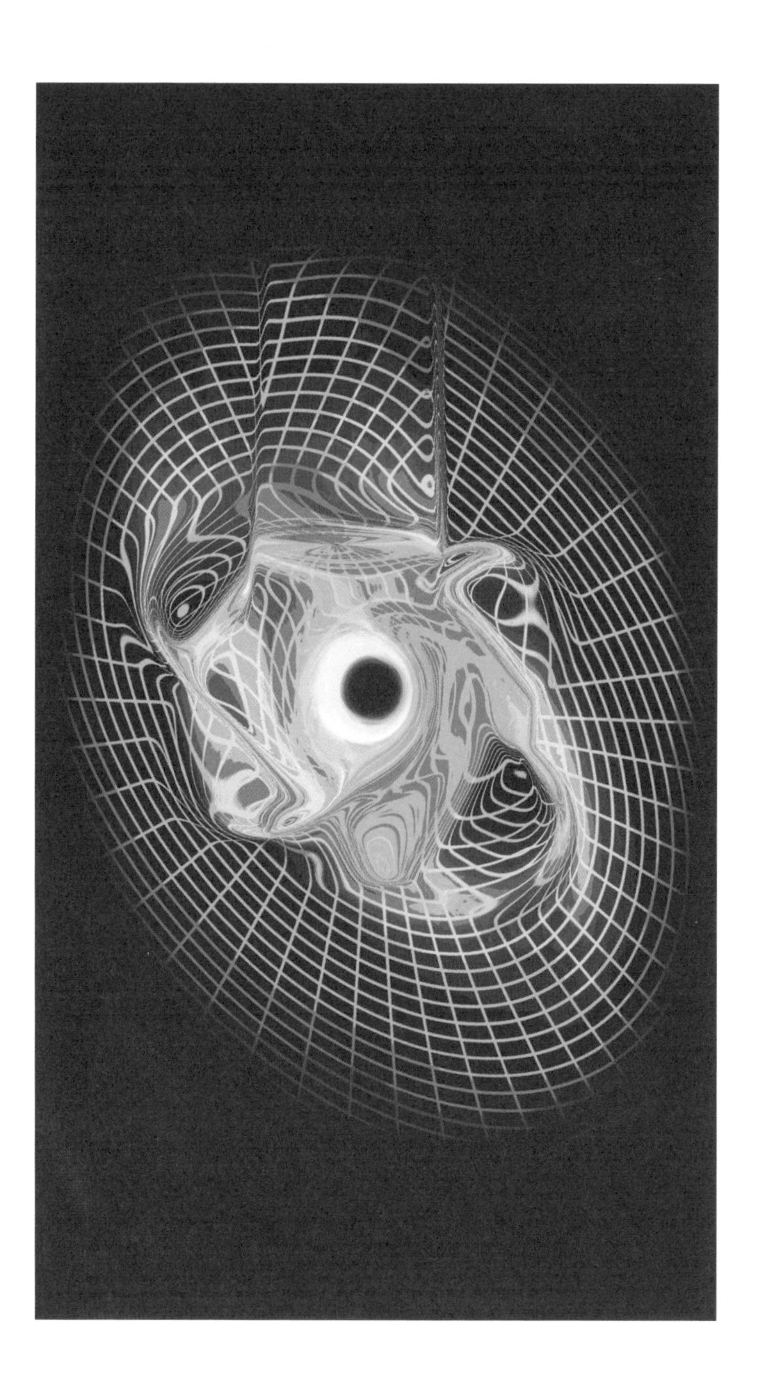

발견한 극단의 물리적 현상을 현재의 이론으로는 제대로 설명할 수 없다는 자각을 줄 뿐이다.

우주선을 타고 블랙홀에 다가간다면 블랙홀의 중력에서 빠져나오기 위해 광속에 맞먹는 속도로 움직여야 할 것이다. 일반상대성이론이 시간에 미치는 영향 때문에, 블랙홀의 사상의 지평선에서는 시간이 멈춘 것처럼 느껴질 수 있다. 멀리 떨어진 곳에서 그 우주선을 관찰한다면 사상의 지평선의 시간 속에 갇힌 모습을 볼 것이다. 불운한 우주선 여행자들은 블랙홀의 강력한 중력장의 조석력 때문에 갈가리 찢길 것이다.

1980년대 초, 우리는 우리 은하 중심에 태양 질량의 수백만 배가 넘는 초질량 블랙홀이 존재한다는 사실을 확인했다. 그리고 허블 우주 망원경 덕에 모든 은하의 중심에 초질량 블랙홀이 존재할 수도 있다는 조짐을 발견했다. 은하 중심부의 블랙홀 질량과 은하 전체에서 이동하는 별의 속도 사이에 강한 연관성이 있는 듯하다. 이 말은 블랙홀이 은하의 형성에 중요한 역할을 한다는 뜻이다.

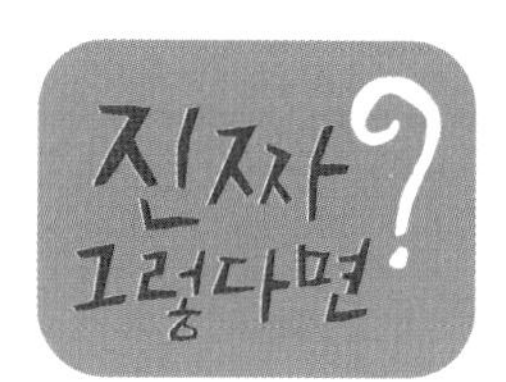

우리 이론으로는 블랙홀 중심(이 지점을 특이점이라고 부른다)의 질량이 무한하다는 결론이 나와서, 현존하는 최고의 중력이론인 일반상대성이론이 불완전해진다. 이처럼 난처하기 짝이 없는 무한성을 제거하는 역할은 양자 중력이론이 맡아줄 것으로 보인다. 블랙홀은 우주의 다른 곳으로 연결된 통로인 웜 홀을 형성하는 것이 가능하다. 이론상 블랙홀 안으로 들어가 우주 다른 곳으로 나올 수 있는 것이다. 실제로는 블랙홀의 강력한 중력장 때문에 빠져나오기도 전에 갈가리 찢길 테지만 말이다.

놀라운 사실

지구가 블랙홀이 될 정도로 찌그러든다면 지름 **20**mm가 될 것이다. 이론상으로 밀도만 충분하면 모든 천체는 블랙홀이 될 수 있다.

우리 은하 중심에 존재하는 초질량 블랙홀의 질량은 태양의 **400**만 배에 달하는 것으로 알려졌다.

함께 생각하기

◆ 최소 거리가 있다면 | 50쪽

◆ 블랙홀에 털이 있다면 | 190쪽

블랙홀에 털이 있다면

브라이언 클레그 Brian Clegg

블랙홀은 우주에서 가장 기묘한 현상이다. 블랙홀에 관한 기이하고 놀라운 이론 가운데 최고는 단연 '무모無毛의 정리'다. 별의 헤어스타일에 대해 본격적으로 이야기하기 전에 블랙홀로 변하는 사물에 일어나는 일을 알아보자.

블랙홀 그 자체는 공간의 차원이 전혀 존재하지 않는 점에 불과하지만, 외부에서 볼 때 사상의 지평선은 블랙홀의 '크기'를 규정하는 영역이라 할 수 있다. 사상의 지평선이란 어떤 물질도, 심지어 빛조차 탈출할 수 없는 지점이다. 블랙홀로 여행을 떠난다면 자신이 사상의 지평선을 지난다는 사실을 알아차리기도 전에 목숨을 잃고 말 것이다. 붕괴되어 블랙홀을 형성한 별 근처로 다가갈수록 중력이 급격하게 상승하기 때문이다. 그 상승도가 극심해서 발을

당기는 힘이 머리를 당기는 힘보다 훨씬 크게 느껴질 것이다(발부터 들어간다고 가정했을 때 얘기다). 이 중력의 차이, 즉 조석력 때문에 몸은 쭉 늘어나 가늘고 긴 원통 모양이 될 것이다.

유머 감각이 꽝인 우주론자들은 이런 현상을 가리켜 '스파게티화'라고 부른다. 여기에서도 상대성이론이 유용하다. 일반상대성이론에 따르면 외부의 관찰자에게는 누군가 사상의 지평선으로 다가갈수록 그 사람의 시간이 점점 느려지다가 지평선에 다다르면 사실상 멈춘 듯 보일 것이라고 한다. 그러나 정작 당사자는 그런 사실을 눈치 채지 못할 것이다.

블랙홀에 '털이 없다'는 표현은 아무것도 발산하지 않는 특성 때문에 우리로선 그 질량과 각운동량, 전하를 제외하고는 안에 무엇이 있는지 전혀 알 수 없다는 생각을 반영한 것이다. 그러나 스티븐 호킹은 어떤 블랙홀은 끊임없이 입자의 물결을 생산할 것이라고 예측했다. 이른바 '호킹 복사'다.

새로 생성된 블랙홀에서는 입자들이 구멍으로 밀려들어 가면서 주위 입자에 가속이 일어나고 그 와중에 간접적으로 방대한 방사선이 방출될 공산이 크지만, 호킹 복사는 양자 효과다. 양자론은 텅 빈 공간에서 짝을 이룬 물질과 반물질 입자들이 나타났다 사라지기를 되풀이한다고 추정한다. 이런 일이 사상의 지평선에서 일어난다면, 짝꿍 중 하나는 블랙홀 안으로 빨려들어 가더라도 나머지는 도망칠 수 있다. 블랙홀에 양자 '털'이 생기는 것이다.

놀라운 사실

붕괴해서 중성자별이 아니라 블랙홀로 변하는 백색왜성의 질량은 **3** 태양 질량이다.

3 태양 질량인 별에서 생성된 블랙홀의 사상의 지평선의 반지름, 즉 슈바르츠실트Karl Schwarzschild 반지름은 대략 **9**km다.

◆ 중력이 물리력이 아니라면
| 78쪽

◆ 블랙홀 안으로 들어간다면
| 186쪽

암흑 물질이 없다면

로드리 에반스 Rhodri Evans

아인슈타인의 중력이론은 태양계 차원에서는 정밀한 시험이 가능하며, 관찰 내용과 정확하게 일치한다는 사실이 증명되었다. 하지만 범위를 점점 확장할수록 갖가지 문제점이 발견된다. 범위를 은하로 확장하면 우주의 작동 원리를 바탕으로 종전에 알아낸 것들보다 많은 물질들이 존재하는 듯 보인다. 범위를 여러 은하의 무리까지 확장하면 문제는 더욱 심각해진다. 이런 문제들 때문에 등장한 것이 암흑 물질이다.

물질을 구성하는 수수께끼 같은 성분으로 여겨지지만 좀처럼 잡아내기 힘든 윔프(약하게 상호작용 하는 거대한 입자들)를 찾기 위해 시작한 실험들 덕에, 암흑 물질에 대한 탐구는 점차 활발해지고 있다. 그런데 혹시 암흑 물질이 존재하지 않을 가능성은 없을까? 암흑 물질에 대한 증거는

모두 중력과 연관이 있다. 아인슈타인의 일반상대성이론이 참이라고 가정할 때 추론할 수 있는 물질의 양과 망원경으로 볼 수 있는 물질의 양의 차이 또한 암흑 물질이 존재하는 증거다. 하지만 아인슈타인의 이론이 범위를 넓혔을 때도 늘 옳을까? 적용 범위를 넓히면 방정식에 약간 수정이 필요하지 않을까?

사실 필요하다. 암흑 물질을 뺀 대안을 제시한 것이 수정 뉴턴 동역학 이론이다. 이 이론에서는 중력이 지표면의 1/100,000,000,000 정도로 약할 때 중력의 강도를 수정해야 한다고 주장한다. 이렇게 수정하면 암흑 물질 없이 수정 뉴턴 동역학만으로 관찰한 내용을 상당 부분 설명할 수 있다.

하지만 그 몇 가지를 제외하고는 수정 뉴턴 동역학을 이용한다 해도 암흑 물질의 존재가 필요하다. 어쩌면 우주를 이해하기 위해서는 둘 모두 필요한지도 모르겠다. 물론 윔프를 하나라도 찾아낸다면 암흑 물질이 진짜 존재하는지 알 수 있을 것이다. 수정 뉴턴 동역학이냐, 암흑 물질이냐에 대한 논란은 한동안 지속될 것으로 보인다.

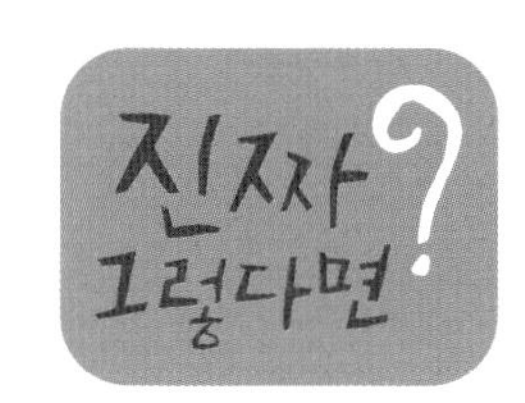

암흑 물질이 존재하지 않는다면, 20세기 물리학의 가장 큰 쾌거라 할 수 있는 아인슈타인의 일반상대성이론이 완전히 틀렸다는 뜻이다. 그러나 일부 학자들은 암흑 물질이 존재한다 해도 우리에게는 수정 뉴턴 동역학이 필요하다고 주장한다. 윔프를 발견하면 한 번도 본 적 없는 존재들을 이론화하는 데 큰 도움이 될 것이다. 어쩐지 중성 미립자에 얽힌 이야기가 떠오른다. 오스트리아 태생 미국 물리학자 볼프강 파울리Wolfgang Pauli는 중성 미립자가 실제 발견되기 20여 년 전인 1930년에 그 존재를 예측했다.

놀라운 사실

아인슈타인의 이론이 옳다면 암흑 물질은 우주의 **80**%를 차지할 것이다.

1954년 중성 미립자를 관찰했다.

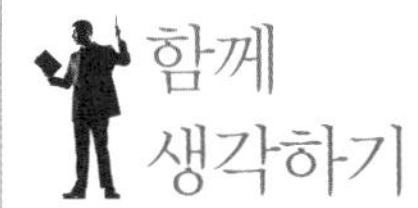

함께 생각하기

- 시간과 공간이 고리를 형성한다면 | 146쪽
- 텅 빈 우주가 꽉 찬다면 | 182쪽

06 Classical Physics

고전물리학

고전물리학이라고 하면 마치 고대 그리스인들이 이룬 업적을 일컫는 것처럼 들린다. 그 시대 철학자들이 자연의 원칙을 가리켜 '물리학'이라는 말을 쓰기는 했다. 하지만 과학자들에게 고전물리학이라는 말은 상대성이론과 양자론이 등장해 엄청난 변화를 일으키기 전인 19세기 말엽에 나온 물리학 이론을 의미한다.

물리학의 지식 중에는 몇 세기 전 이론인데도 여전히 변하지 않은 것들이 있다. 고대 그리스인들은 물리학 영역에서 대부분 오류를 범했지만, 그들이 찾고자 노력한 것은 고전물리학이 목표로 삼은 문제들과 크게 다르지 않았다. 예를 들어 그리스인들은 시각이 빛과 연관 있으며, 우리 머리에서 빛이 발생해 눈을 통해 발산되고, 그것이 물체에 부딪힌 뒤 반사되어 볼 수 있는 것이라고 생각했다. 중세 아라비아Arabia 과학자들이 이런 생각을 바꿨다. 그들이 광학에 접근한 방식은 훨씬 현대적이다. 빛이 태양을 비롯한 광원에서 직선 형태로 날아와 물체에 반사된 뒤 우리 눈에 유입된다고 설명한 것이다.

뉴턴의 시대라고 할 수 있는 16~17세기 들어 빛의 전진을 설명하는 데 사용할 수 있는 기하학적 광학 도표가 만들어졌다. 남은 것은 뉴턴의 생각대로 빛이 입자인지, 영국 과학자 토머스 영이 주창한 대로 파장인지 확인하는 일뿐이었다. 빛에 대한 고전적 관점은 안경부터 거대한 망원경까지 그 무엇을 설계하더라도 여전히 유용하며, 학생들은 지금도 학교에서 그 내용을 공부한다.

일반적으로 고전물리학은 현대물리학에 비해 단순한 편이지만, 일상에서 활용하기 딱 좋을 만큼 빼어나다. 일례로 뉴턴의 운동 법칙을 들 수 있다. 이 이론은 엄밀히 말해 아인슈

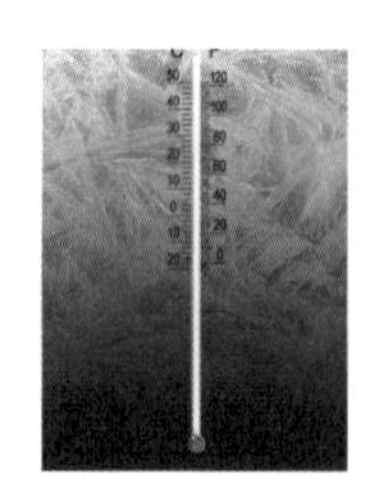

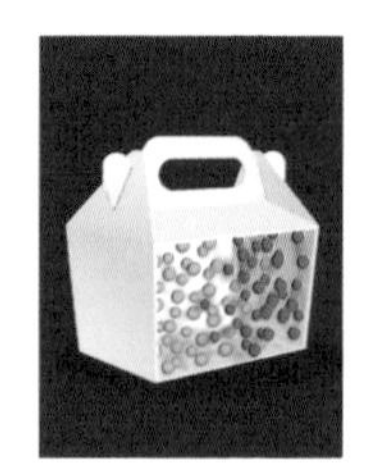

타인의 상대성이론의 특수한 경우에 속하는데, 물체가 빛의 속도보다 느리게 움직일 경우 상당히 정확하다. 고전물리학 이론이 있었기에 공학 기술부터 아폴로 11호가 달에 가기 위해 필요한 계산까지 많은 분야를 능히 감당할 수 있었다.

고전물리학은 상대성이론과 양자 이론에 비하면 따분할 수도 있다. 하지만 으레 그러려니 여길 일은 아니다. 유체역학을 생각해보면 고전물리학도 상당히 복잡하고 흥미진진하다. 열역학은 또 어떤가. 열이 한 장소에서 다른 장소로 흐르는 방법을 설명하는 이 이론은 물리학에서 꾸준히 쓰이고 있다. 게다가 열역학 제2법칙에는 우주의 발달 과정을 예측하는 방법을 알려주고, 불가능한 것을 대신 맡아주는 사랑스러운 도깨비(맥스웰이 가정한 열을 옮기는 가상의 존재—옮긴이)도 있지 않은가.

절대영도보다 낮은 온도가 가능하다면

사이먼 플린 Simon Flynn

운동학 이론에서 물질의 온도란 물질 내부에 존재하는 입자 운동의 결과다. 온도가 높을수록 입자의 평균속도가 빠르다는 뜻이다. 말하자면 H_2O 분자들은 물 상태일 때보다 증기 상태일 때, 얼음일 때보다 물일 때 빨리 움직이고 많이 진동한다고 할 수 있다. 물론 온도가 낮을수록 입자의 평균속도가 느리다.

19세기 영국 물리학자 윌리엄 톰슨William Thomson은 입자들이 멈춘 상태보다 느리게 움직일 방법은 없으므로, 가장 낮은 한계온도가 있을 수 있겠다고 생각했다. 그의 계산에 따르면, 원자들이 움직임을 멈추는 순간은 −273.15°C다. 톰슨은 이를 바탕으로 절대영도에서 시작해 열역학의 법칙에 따라 정한 새로운 온도 단위를 제시했다(18세기 스웨덴 천문학자 안데르스 셀시우스Anders Celsius는 물의 어는점과 끓는

C
F
50
40
30
20
10
0
10
20
120
100
80
60
40
20
0

점을 기준으로 온도 단위를 만들었고, 폴란드 그단스크Gdańsk 출신 물리학자 다니엘 파렌하이트Daniel Gabriel Fahrenheit는 자신이 실험을 통해 구현한 최저 온도[−18°C 혹은 0°F]와 자신의 체온[96°F]을 기준으로 온도 단위를 만들었다). 켈빈의 단위에서 절대영도는 0K, 물의 어는점은 273.15K, 끓는점은 375.15K이다.

이후 등장한 열역학 제3법칙에서는 다음과 같이 말한다. '제한된 움직임에서 하나의 체계가 절대영도로 수렴하는 것은 불가능하다.' 이는 사실임이 드러났다. 레이저 냉각 기술을 이용해 0K에 1/수백만 차이까지 근접했지만 그것이 한계였다. 2013년 뮌헨대에서 가스를 0K보다 조금 높은 온도에서 조금 낮은 온도로 뚝 떨어지게 하는 데 성공했다는 보고가 나왔다. 절대영도는 건너뛰었다는 뜻이다. 그들은 음의 온도를 유도하기 위해 레이저와 자석을 이용해 포타슘 원자의 초저온 양자 가스를 음의 압력 상태에 밀어넣는 방법을 이용했다.

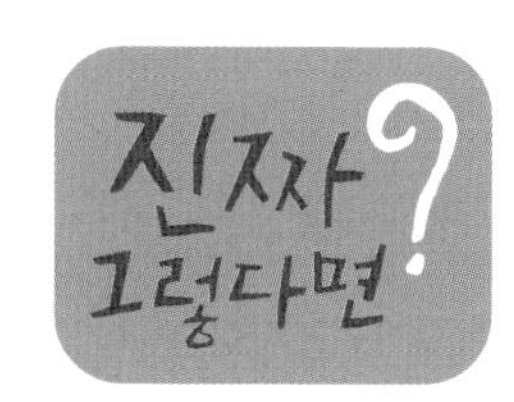

뮌헨에서 만들어낸 초저온 양자 가스 내부의 원자는 음의 압력을 받아 서로 끌어당겨야 마땅했지만, 가스는 안정적인 상태를 유지했다. 그것은 균형을 유지하게 해주는 음의 온도가 있었기 때문이다. 그러므로 절대영도보다 온도가 낮은 물질을 만들면 암흑 에너지가 실재한다는 증거가 될지도 모른다. 우주는 중력에도 불구하고 점점 빠른 속도로 팽창한다. 이를 설명하기 위해 가정한 개념이 암흑 에너지인데, 학자들은 암흑 에너지에 강한 음의 압력이 존재할 거라 보고 있다.

우주의 평균온도는 **2.73**K(−270.4℃)이다.

실험실 밖에서 기록된 가장 낮은 온도는 **1**K(−272.2℃)이다.

◆ 최고 온도가 존재한다면 | 210쪽

◆ 맥스웰의 도깨비가 정말 존재한다면 | 214쪽

공짜 점심 같은 것이 존재한다면

브라이언 클레그 Brian Clegg

열역학은 열과 에너지가 일정 계 내부를 흐르는 양상을 설명하는 이론이다. 원래 산업혁명의 핵심인 증기 엔진의 작용을 설명하기 위해 탄생했으나, 시간이 흐르면서 우주의 작용을 이해하는 데 중점적인 역할을 도맡았다.

열역학의 네 가지 법칙 가운데 핵심이라 할 수 있는 것은, 에너지는 사실상 창조와 파괴가 불가능하다며 에너지 보존을 설명한 제1법칙과 다소 경박하지만 '공짜 점심 같은 것은 존재하지 않는다'는 말로 정리할 수 있는 제2법칙이다. 제2법칙은 열 엔진 연구 중에 탄생한 이론으로, 에너지가 드나들 수 없는 닫힌계에서는 열이 뜨거운 곳에서 차가운 곳으로 흐른다고 정리한다. 중요하다고 하기에는 내용이 단순해 보이지만, 제2법칙은 우주에서 일어나는

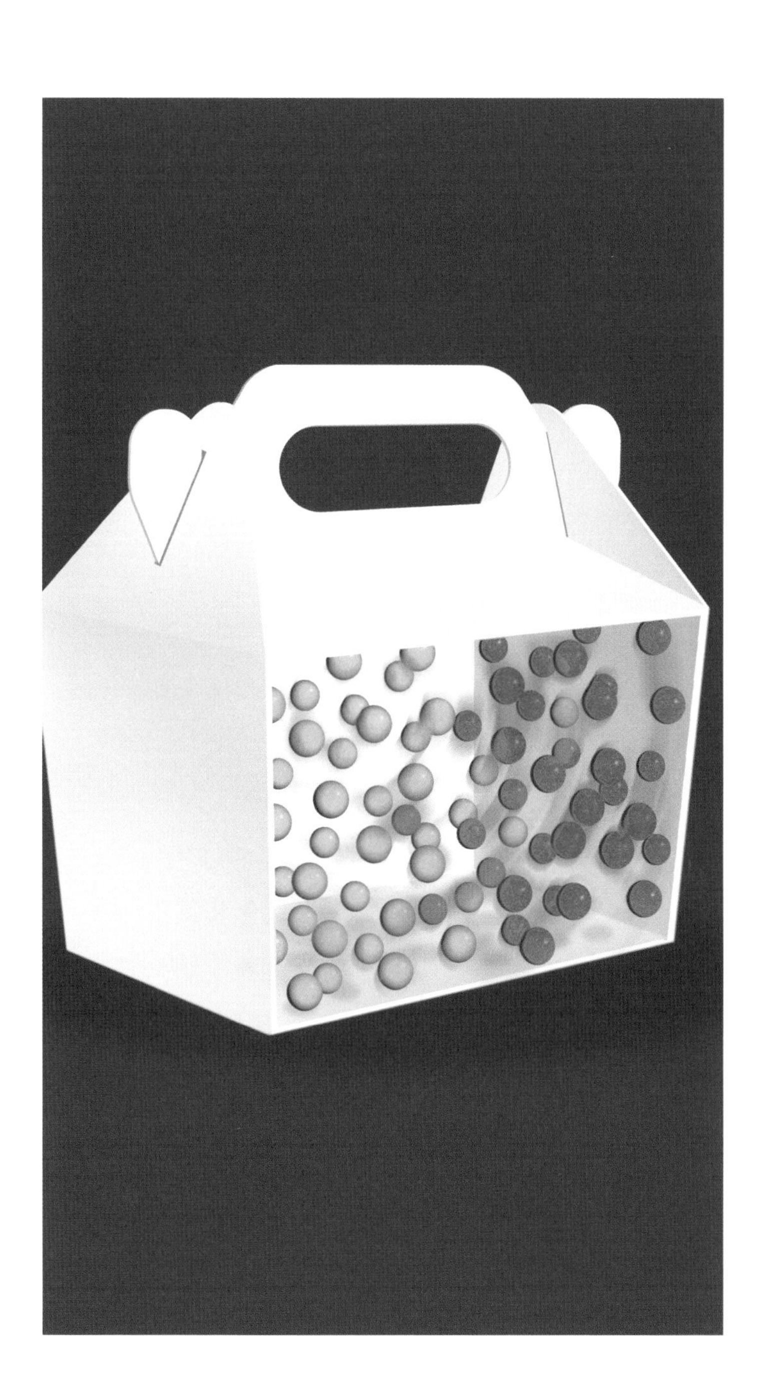

거의 모든 변화의 핵심 원리라고 할 수 있다. 이를 달리 말하면, 닫힌계에서는 엔트로피가 동일하거나 증가한다고도 표현할 수 있다. 엔트로피는 계에 존재하는 무질서의 척도다. 무질서가 클수록 엔트로피도 높아진다.

두 가지 표현 방법을 종합적으로 이해하기 위해 가스가 들어 있는 상자를 떠올려보자. 상자 내부는 둘로 나뉘었고 한쪽에는 뜨거운 가스가, 다른 쪽에는 차가운 가스가 들어 있다. 칸막이를 열면 가스가 섞일 것이다. 처음에는 박스 내부가 상당히 안정적이다. 한쪽에는 뜨겁고 빠른 분자가, 다른 쪽에는 차가운 분자가 질서 있게 존재한다.

그러나 둘을 뒤섞으면 무질서도, 엔트로피도 증가한다. 정반대 과정도 얼마든지 가능하지만, 그러려면 에너지가 필요하다. 냉장고는 엔트로피를 줄여 내용물을 보다 안정적이고 차가운 온도로 만들어주지만, 대신 에너지가 드는 것과 마찬가지라고 할 수 있다. 에너지를 쓰지 않고도 엔트로피를 역전할 수 있다면, 그 과정을 이용해 공짜 에너지원 혹은 영구운동 기계 같은 에너지 생산도 가능할 것이다. 하지만 그런 일은 일어날 리 만무하니 '공짜 점심은 없다'는 꼬리표를 뗄 일은 없을 것이다.

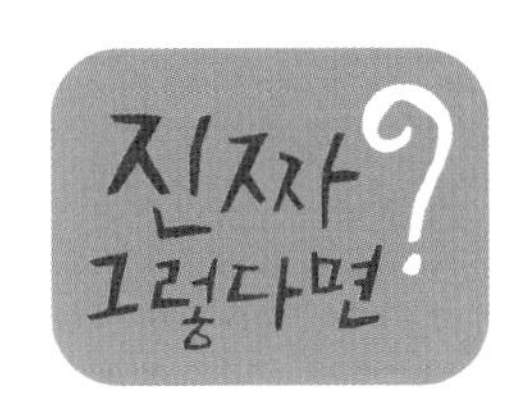

초기에 열역학법칙을 내놓은 학자들은 통계학적으로 접근해야 한다는 사실을 미처 몰랐다. 제2법칙에서도 '닫힌계에서는 결코 엔트로피가 줄어들지 않는다'고 딱 잘라 말하지 않았지만, 통계적으로 보면 그런 일이 일어날 공산은 매우 낮다. 각 분자가 자유롭게 움직여 뒤섞인 뜨거운 가스와 차가운 가스가 우연히 나뉠 가능성이 약간 있지만, 적정 시간 안에 일어날 가능성은 희박하다.

놀라운 사실

열역학법칙은 **4**가지다. 언급한 2가지 외에도 제0법칙(열은 같은 온도인 물체 사이에서는 흐르지 않는다)과 제3법칙(절대영도에는 결코 다다를 수 없다)이 있다.

1877년 오스트리아 물리학자 루트비히 볼츠만Ludwig Eduard Boltzmann이 엔트로피를 통계적 공식으로 만들었다.

함께 생각하기

- 맥스웰의 도깨비가 정말 존재한다면 | 214쪽
- 아인슈타인이 냉장고를 발명했다면 | 254쪽

최고 온도가 존재한다면

브라이언 클레그 Brian Clegg

온도란 일상의 영역에 속하는 척도처럼 느껴진다. 하지만 온도의 바탕에는 아주 흥미진진하고 복잡한 개념이 자리한다. 온도는 종종 물질 속 원자 혹은 분자의 속도를 나타낸다. 공기를 예로 들면, 구성하는 가스 분자들이 이곳에서 저곳으로 휙휙 이동하며 지속적으로 움직이는 양상을 측정한 것이라고 볼 수 있다(어떤 분자는 다른 분자들보다 훨씬 빠르게 움직이지만, 온도는 통계적 측정이며, 분자 전체를 아울러 찍은 사진과 같다). 물질이 차가워지면 입자들은 느려진다. 그 끝으로 가면 절대영도에 도달하는데, 이 극단의 차가움을 바탕으로 만든 단위로 표현하면 절대영도는 0K이다.

절대영도에 도달하는 것이 가능하다면, 원자 혹은 분자는 모두 움직이지 않을 것이다. 하지만 실제로 절대영도에

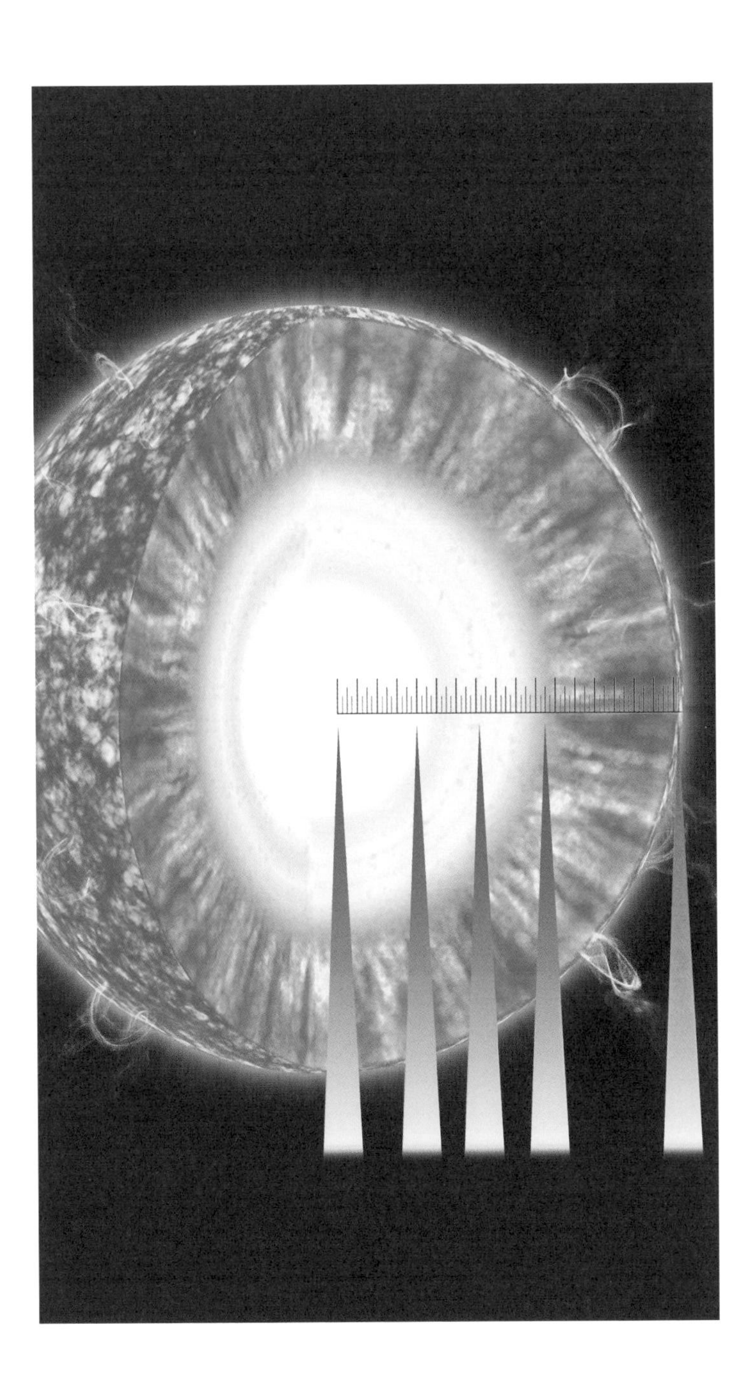

는 도달할 수 없다. 절대영도에 근접한 온도는 가능하지만, 양자의 한계 때문에 정확히 절대영도가 될 수는 없다.

절대영도와 달리 정반대 온도에 대해서는 논하는 경우가 별로 없다. 온도가 물질 내부 입자의 속도를 측정한 것이라는 단순한 생각이 참이라면, 최고 온도도 있을 수 있다. 특수상대성이론에 따르면 우주에는 궁극의 속도제한이 있기 때문이다. 진공상태에서는 어떤 물질도 빛의 속도(약 300,000km/s)를 능가할 수 없다. 물질을 구성하는 입자에 아무리 많은 에너지를 가해도 광속보다 빨리 움직이는 것은 불가능하다. 이 말은 최고 온도가 있다는 의미일 것이다.

하지만 온도에는 함정이 있다. 온도는 원자와 분자의 운동에너지에 전적으로 의존하며, 운동에너지는 속도와 질량으로 구성된다. 그런데 특수상대성이론에 따르면 빨리 움직일수록 물체의 질량이 늘어나고, 빛의 속도에 다다르면 질량은 무한대로 향한다. 그러니 입자 속도에는 한계가 있어도 온도 상승에는 한계가 없을 것이다.

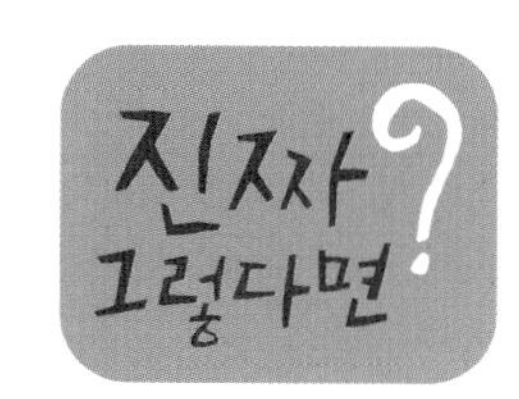

온도는 전체 입자에 대한 운동에너지의 분포에도 영향을 받는다. 모든 입자들이 동일한 에너지가 있다면 엔트로피가 낮을 것이다. 그 말은 온도가 낮다는 뜻이다. 또 물체의 엔트로피가 최대치에 도달하는 것은 가능한 에너지 전체에 입자가 골고루 퍼졌을 때다. 그런데 온도가 무한대에 가까워지면 입자들은 균일한 고에너지를 지니고, 엔트로피가 줄어들면서 온도가 음의 무한대로 뚝 떨어질 것이다.

놀라운 사실

번개의 최고 온도는 **3만** K(29,727℃)이다. 번개는 우리가 종종 경험하는 지구상에서 가장 뜨거운 것이다.

태양 중심 온도는 **1,500만** K(14,999,727℃)이다. 태양 표면은 약 5,000K이다.

- 미래로 갈 수 있다면 | 58쪽
- 절대영도보다 낮은 온도가 가능하다면 | 202쪽

맥스웰의 도깨비가 정말 존재한다면

사이먼 플린 Simon Flynn

열에너지는 열 형태의 에너지를 기계적 작용으로 전환한다. 자동차 엔진이 대표적인 예다. '열에너지는 늘 뜨거운 계에서 차가운 계로 흐르며, 자연히 역전되는 일은 결코 없다'는 열역학 제2법칙에 따르면, 이 엔진들은 절대 완전하다고 할 수 없다. 에너지 일부가 주위로 유실되기 때문이다. 유실된 에너지는 자동차 엔진을 뜨겁게 만든다. 제2법칙은 또 냉장고처럼 에너지가 찬 곳에서 뜨거운 곳으로 흐르려면 특정 작용이 있어야 한다고 못 박는다. 아인슈타인과 영국 천체물리학자 에딩턴은 열역학법칙이 늘 성립한다고 확신했다. 그런데 스코틀랜드 이론물리학자 제임스 맥스웰이 열역학법칙을 위배하도록 설계한 사고실험을 내놓았다.

맥스웰은 일찍이 특정 온도인데다 열 균형을 이룬 가스

를 상자에 담아두면, 분자들이 다른 속도로 움직여 에너지가 변한다는 사실을 입증했다. 그것이 바로 운동에너지다. 온도는 이들 에너지 합의 평균이라고 할 수 있다. 평균에너지가 높을수록 온도도 높아지는 것이다. 맥스웰은 상자 중심에 작은 문을 달아 둘(A와 B)로 나누고, A와 B 모두 같은 온도라고 상정했다. 그리고 각 가스 분자를 인지할 수 있는 존재가 문을 여닫게 만들었다. 훗날 이 존재에게 '맥스웰의 도깨비'라는 이름이 붙었다.

시간이 흐르는 동안 도깨비는 에너지가 높고 빠른 분자는 A에서 B로, 에너지가 낮고 느린 분자는 B에서 A로 옮겨가게 만든다. 결국 B칸 분자들의 평균 에너지가 A칸보다 커지므로, 두 칸에는 온도 차이가 발생한다. 이런 온도 차이 때문에 열역학 제2법칙에 모순이 생기고, 온도 차를 이용해 열 엔진을 가동할 수 있다(단 문의 마찰 같은 것은 생기지 말아야 한다. 그렇지 않을 경우, 결과적으로 생성될 에너지보다 도깨비가 쓰는 에너지가 많을 테니 말이다).

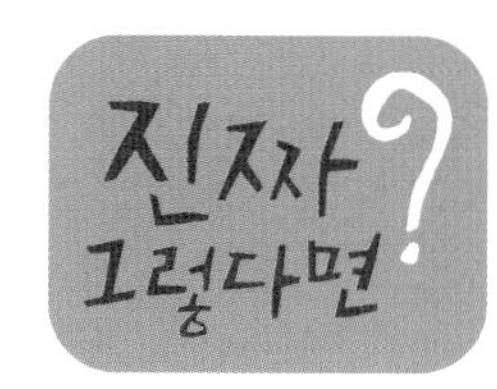

1929년 헝가리 태생 미국 물리학자 레오 실라르드Leo Szilard는 도깨비가 이동시키는 정보와 그 행위로 인해 생산되는 실질적 에너지를 연결했다. 이후 약 80년간 과학자들은 분자의 속도를 결정하면서 도깨비가 사용한 에너지가 온도 차이를 만들어 생성한 에너지보다 크다는 데 공감했다. 2010년 일본 학자들은 실험을 통해 정보를 사용하는 것만으로도 입자의 에너지가 상승한다는 사실을 알아냈으며, 이로 인해 '정보를 이용한 열 엔진'을 만들 가능성도 높아졌다고 보고했다.

놀라운 사실

훗날 켈빈Baron Kelvin 경이 된 윌리엄 톰슨이 **1843**년 '열역학'이라는 단어를 처음 소개했다. 열역학 제1법칙을 한마디로 정리하면 다음과 같다. '에너지는 만들 수도, 없앨 수도 없다. 오직 형태가 바뀔 뿐이다.'

함께 생각하기

- 우주에 규칙이 없다면 | 26쪽
- 아인슈타인이 냉장고를 발명했다면 | 254쪽
- 운동이 끝나지 않는다면 | 262쪽

지구가 평평하지 않다면

지구가 평평하다는 생각은 고대 그리스에 완전히 깨졌다. 달에 비친 지구의 그림자가 늘 둥글다는 것을 보고 영감을 얻은 피타고라스학파(기원전 6~5세기 철학자이자 수학자 피타고라스Pythagoras를 신봉하던 사람들)는 지구가 공 모양이라고 주장했다. 이는 아름다움과 조화를 바라보는 그들의 시각과도 부합했다. 피타고라스학파는 구야말로 완벽한 기하학적 모양이라고 생각한 것이다. 기원전 4세기 그리스 철학자 아리스토텔레스Aristoteles는 한 발 더 나아갔다. 그는 배가 수평선 너머로 점차 사라지는 모습을 관찰하고, 남쪽과 북쪽에서 보이는 별이 다르다는 것을 알아내는 등 보다 심층적인 증명을 통해 지구가 둥글다는 주장을 정착시켰다.

그러자 의문이 제기되었다. 지구의 크기는 얼마나 될까?

기원전 3~2세기, 그리스 수학자 에라토스테네스Eratosthenes가 놀라울 정도로 정확하게 지구의 표면을 계산해냈다. 그는 하지 한낮에는 시에네(Syene : 오늘날 이집트의 아스완Aswan) 땅에 꽂아놓은 막대기에서 그림자가 생기지 않는다는 사실을 깨달았다. 그 말은 태양이 정확히 머리 꼭대기에 위치한다는 뜻이다. 같은 시각 알렉산드리아Alexandria에 설치된 막대에는 그림자가 있었는데, 그 기울기로 태양 광선과 막대가 원의 1/50에 해당하는 각도라는 사실을 알았다. 기하학을 사용하면 이 각도가 지구의 중심에서 두 막대까지 그은 선의 각도와 동일하다는 것을 알 수 있다. 각도는 7.2°다.

에라토스테네스가 시에네와 알렉산드리아의 거리를 측정하자 약 5,000스타드(고대 그리스의 거리 단위. 1스타드는 180m)가 나왔다. 각도를 기준으로 볼 때 이는 지구 둘레의 1/50이다. 1스타드는 주경기장 하나의 둘레이므로, 계산해보면 에라토스테네스가 산출한 지구 둘레는 실제 둘레와 16% 오차밖에 나지 않는다. 기준에 따라 정확도 99%에 가까운 수치일 수도 있다. 당시 이용한 측량 도구를 감안하면 놀랍도록 정확한 계산이다. 흥미롭게도 에라토스테네스의 계산 과정을 통해 또 한 가지 특별한 사실, 즉 지구와 태양의 거리는 태양 광선이 평행하게 보일 만큼 충분히 멀다는 추정이 나왔다. 이런 추정의 핵심이 된 것은 태양계를 바라보는 고대 그리스인들의 태도다.

기원전 5~4세기 그리스 철학자 플라톤Platon은 피타고라스학파의 영향을 받아 기하학과 수학으로 우리를 둘러싼 세상에 대해 설명하려고 노력했다. 그러나 문제가 있었다. 알려진 다섯 개 행성, 즉 수성, 금성, 화성, 목성, 토성이 균일하지 않은 패턴으로 움직이는 듯 보인 것이다('행성'이라는 말은 그리스어 '방랑자'라는 말에서 따온 것이다). 참으로 골치 아픈 일이었다. 플라톤은 태양과 달 그리고 행성들이 두 가지 원운동의 조합 속에서 움직인다고 주장해 보았지만, 그 대답 역시 만족스럽지 않았다. 플라톤의 학생이자 천문학자, 수학자인 크니도스Knidos 출신 에우독수스Eudoxos가 행성 운동의 패턴을 늘려 행성이 네 가지 원운동을 한다는 발상을 내놓았다. 그 덕에 고민은 상당 부분 해결되었으며, 거꾸로 도는 것처럼 느껴지는 행성의 역행운동도 설명이 가능해졌다.

아리스토텔레스는 에우독수스의 발상을 좀더 다듬었다. 하지만 아리스토텔레스의 주장에는 근본적인 변화가 있었다. 천구라고 묘사한 것이 존재하고, 그 덕에 행성의 원운동이 가능하다는 것이 수학적 추정이 아니라 명백한 사실이라고 주장한 것이다. 게다가 세상 모든 것에는 타고

난 위치가 있다는(우리가 중력으로 아는 힘) 그의 이론에 따르면, 만물의 중심이 지구다.

지구가 평평하다는 생각은 사라졌지만, 대신 태양계에 마음을 빼앗긴 고대 그리스인들은 지구가 태양계의 중심이며 원운동을 한다는 사실을 굳게 믿었다. 1543년 폴란드의 천문학자 니콜라우스 코페르니쿠스가 모든 행성이 태양 주위를 돈다고 선언하자, 세상은 강한 충격에 휩싸였다. 그리고 17세기 독일 수학자이자 천문학자 요하네스 케플러Johannes Kepler가 행성 운동의 세 가지 법칙을 통해 행성들이 타원으로 움직인다는 사실을 입증하자, 세상은 또다시 충격을 받았다.

거울에 비친 상이 좌우 반전이 아니라면

브라이언 클레그 Brian Clegg

고전물리학에서 특히 발달한 학문은 기초 광학이다. 고대 그리스인들은 태양 같은 광원이 아니라 눈에서 빛이 나온다고 여겼다. 빛의 유래가 확실해지는 데는 시간이 걸렸지만, 빛의 작용에 대한 설명은 아주 일찍부터 놀라울 정도로 명료했다. 공이 벽을 맞고 튀어나오듯 빛줄기가 물체에 부딪혔다 나와, 물체에서 눈으로 똑바로 날아드는 것이라고 생각했다. 이런 원리는 반복적인 증명을 통해 광학의 기본 법칙이 되었다.

그러나 문제가 있었다. 평평한 거울 같은 기본적인 반사체에 빛은 대칭으로 작용했다. 거울로 입사 되는 방향과 무관하게, 빛줄기는 도착했을 때와 같은 각도에 같은 방향으로 반사된다는 뜻이다. 거울을 볼 때 왼쪽에서 오른쪽으로 향하는 빛줄기는 왼쪽에서 오른쪽으로 반사될 것이다.

위에서 아래로 향하는 빛줄기 역시 위에서 아래로 향하며 반사될 것이다. 그러나 사람들 눈에 보이는 모습에는 분명 모순이 있었다. 평평한 거울에서 대칭이 무너진 것이다. 거울은 사물의 좌우를 뒤집었다. 왼쪽 장갑은 오른쪽에, 자동차 운전자의 좌석 방향도 역전되었다. 그러면서 위아래는 그대로다. 좌우와 위아래에 차이가 생긴 까닭은 무엇일까?

설명하려고 마음먹은 사람들 대부분 처음에는 우리 눈의 비대칭적인 방향성 때문에 이런 현상이 생기는 것이라고 생각한다. 그러나 이런 확신은 거울을 옆에서 바라보는 순간 와르르 무너진다. 무엇보다 위아래는 그대로 아닌가. 거울에 비친 상이 좌우가 바뀌어 보이는 것은 우리의 인지 문제일 뿐이다. 거울상은 오히려 안팎이 뒤집어진 것이라는 표현이 정확하다.

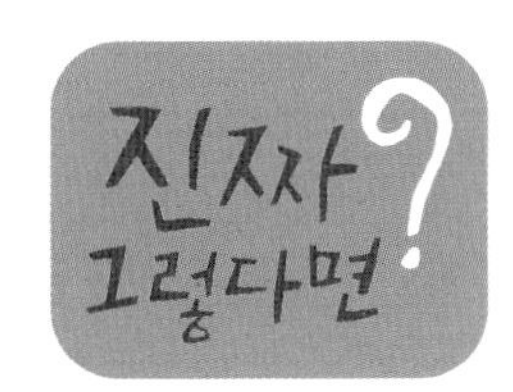

거울에 비친 자기 몸을 보면서 좌우가 바뀌었다고 느끼는 것은, 스스로 180° 돌아서 마주 본다고 생각하기 때문이다. 그러나 거울의 광학 시스템은 그런 식으로 작용하지 않는다. 거울에 비친 우리 얼굴은 고무 거푸집의 안팎을 뒤집을 때 나타나는 상이라고 생각하는 게 편하다. 거울에서 가장 가까운 코끝이 홱 뒤집혀 거울에 비친 상의 코, 즉 그 상에서 거울 쪽으로 가장 가까운 지점이 된 것이다.

고전물리학에서는 거울로 들어간 빛이 같은 각도로 튀어나온다. 양자물리학에서는 가능한 모든 각도로 반사되지만(이를 **양자 반사**라 한다), 이상한 각도로 나온 빛은 보통 상쇄되고 고전적인 반사만 남는다고 말한다.

거울 앞에서 책을 들고 서서 거울에 **앞표지**를 비춰보라. 거울 속에서는 책 등이 오른쪽에 보이고, 당신은 비춰진 책의 **뒤표지**를 보고 있다는 뜻일 것이다.

- 빛이 파장이 아니라면 | 38쪽
- 무지개가 일곱 가지 색이 아니라면 | 226쪽

무지개가 일곱 가지 색이 아니라면

사이먼 플린 Simon Flynn

그리스 철학자 아리스토텔레스는 『기상론Meteorologica』에서 무지개가 빨강, 초록, 보라색으로 되어 있다고 주장했다. 약 2,000년 뒤 영국 물리학자 뉴턴은 프리즘을 이용해 백색광을 분리하는 데 성공했다. 처음에 그는 다섯 가지 주요 색채–빨강, 노랑, 초록, 파랑, 보라–를 기록했다. 나중에 주황과 남색을 추가했는데, 색채란 음악과 유사한 조화가 있다고 생각해 일곱 가지 색으로 도리언 스케일(고대 그리스 음계) 일곱 가지 음계에 짝을 지어준 것이다.

이런 발상 덕에 당시 사람들은 뉴턴의 광학 이론을 쉽사리 받아들였다(신기한 것은 아리스토텔레스 역시 『감각과 감각 대상에 관하여De Sensu et Sensato』라는 책에서 색에 대해 논하며 음악의 화음에 대해 비슷한 언급을 했다는 사실이다). 하지만 무지개

에 일곱 가지 색이 있다는 설명 때문에, 뉴턴이 주요 색채 중간에 존재하는 '무한할 정도로 다양한 단계적인 색 차이'에 대해서도 언급했다는 사실은 빠르게 잊혔다.

가시광선은 연속스펙트럼이며, 파장이 400~700nm에 해당하는 연속하는 색의 띠다. 이는 전파와 극초단파, 감마선 등으로 구성된 전자기 스펙트럼의 일부분일 뿐이다. 극초단파와 감마선, 전파는 빈도와 파장은 다르지만 모두 빛의 속도로 이동하는 전자기파다. 우리에게 가시광선만 보이는 것은 인간의 눈으로 감지할 수 있는 복사에너지의 범위에 속하기 때문이다. 펭귄과 꿀벌은 자외선을 볼 수 있고, 방울뱀과 빈대는 적외선을 볼 수 있다. 우리가 전파를 볼 수 있다면 세상은 지금과 아주 다른 모습일 것이다.

인간은 푸른색부터 주황색까지 중간 범위 빛들에 훨씬 민감한 것으로 알려졌다. 우리가 얼마나 많은 색을 구별할 수 있는지는 여전히 의문이다. 대략 100가지에 이른다는 추정이 있기는 하다. 확실히 일곱 가지보다는 많다.

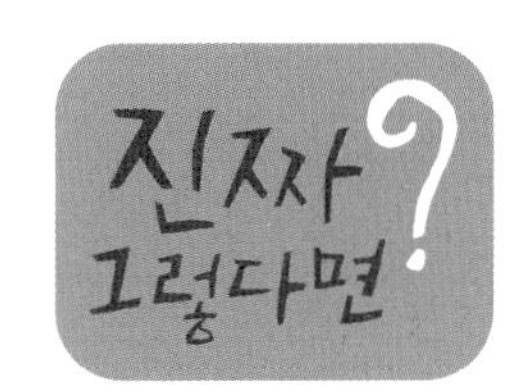

우주를 전자기 스펙트럼의 극초단파 범위로 볼 수 있다면 엄청 밝게 보일 것이다. 알다시피 우주배경복사는 빅뱅의 결과물로 여겨지며, 빅뱅 이론을 뒷받침하는 중요한 증거다. 우주가 팽창하면 초기의 고에너지 방사선은 쭉 뻗어 나가며 온도가 내려간다. 우주의 온도가 2.7K(−270.45℃)인 것은 우주배경복사 때문이다.

15세기까지만 해도 오렌지색(주황)은 존재하는 색이 아니었으나, 발견된 후 **과일**에서 본뜬 이름을 얻었다.

빛의 속도는 **299,792,458**m/s다. 모든 전자기 방사선은 이 속도로 이동한다.

함께 생각하기

- 원자를 볼 수 있다면 | 114쪽
- 전자를 빛으로 바꿀 수 있다면 | 118쪽
- 거울에 비친 상이 좌우 반전이 아니라면 | 222쪽

물이 -70°C에서 끓는다면

사이먼 플린 Simon Flynn

물, 그러니까 H_2O의 끓는점은 100°C다. 산소는 주기율표에서 16번째 열의 첫 번째 원소다. 같은 열 아래로 쭉 나열된 원소들과 수소 원자 두 개가 결합하면 그 끓는점이 다음과 같다. H_2S(황화수소)는 -60°C, H_2Se(셀렌화수소)는 -50°C, H_2Te(텔루르화수소)는 -2°C. 일종의 패턴이 보인다. 우리가 물의 끓는점을 몰랐다면, 이 패턴을 근거로 약 -70°C에서 물이 끓는다고 결론 내렸을 수도 있다.

물의 끓는점이 진짜 그 정도라면, 우리가 아는 생명은 존재할 수 없었을 것이다. 추정과 실제가 이렇게 큰 차이가 나는 까닭은 수소결합 때문이다. 산소 원자는 전기음성도(전자를 끌어들이는 분자 속 원자의 힘)가 아주 높은 것으로 알려졌다. 전기음성도가 훨씬 떨어지는 수소와 산소 원자

가 결합하면, 결합된 전자들이 산소 원자 쪽으로 더 많이 끌려간다. 그래서 수소 원자는 부분적으로 양전하를 띠고, 산소 원자는 부분적으로 음전하를 띠는 양극성이라는 현상이 일어나는 것이다. 아주 약한 자석과 같아진다고 생각하면 된다.

부분적으로 양전하를 띤 수소 원자와 부분적으로 양전하를 띤 산소 원자로 구성된 물 분자 전체를 한데 모으면, 수소 원자들은 다른 분자의 산소 원자와 연결된다. 그런 식으로 분자들이 끈끈하게 결합한 덕에, 실제 H_2O의 끓는점과 녹는점은 H_2S, H_2Se, H_2Te의 끓는점을 바탕으로 예상한 수치보다 훨씬 높아진다(황, 셀렌, 텔루르는 산소에 비해 전기음성도가 현저히 떨어져, 분자들 사이에 양극성 같은 요인이 발생할 가능성이 희박하다). 녹는점과 끓는점이 훨씬 높은 것은 H_2O 분자 내부에 존재하는 산소 원자 하나와 수소 원자 두 개의 결합뿐만 아니라 분자들 간의 결합을 끊어내는 데 보다 많은 에너지가 필요하기 때문이다.

생명에 꼭 필요한 것은 물뿐만 아니다. 수소결합 역시 몹시 중요하다. 이를테면 DNA는 수소결합을 통해 서로 붙들고 있는 거대한 분자 두 개로 구성된다. 인슐린처럼 큰 단백질이 제 기능을 하는 데 필요한 형태를 유지하는 역할을 하고, 고강도 물질 케블러®의 고분자 사슬을 결합하는 것도 수소다.

놀라운 사실

물 분자 속 수소와 산소 결합에 비해 수소결합의 강도는 **1/20**이다.

수소 분자들이 질소나 불소와 결합될 때도 수소결합(NH_3, HF)은 일어날 수 있다.

함께 생각하기

- 대통일이론과 만물의 법칙이 존재한다면 | 94쪽
- 절대영도보다 낮은 온도가 가능하다면 | 202쪽

07 Technology

과학기술

과학기술은 인간의 기본적인 능력을 확장해, 손과 몸으로 할 수 없는 일들을 가능하게 만들어준다. 이처럼 이론을 다루는 책에는 넣으면 안 될 분야로 느껴지기도 한다. 하지만 과학기술은 대부분 물리학 덕에 구현 가능한 것들이며, 실험실에서 끝낸 물리학 연구의 결과물을 직접 경험할 수 있는 것 역시 과학기술을 통해서다. 평생 CERN에 방문할 일은 없지만, 우리는 주변의 모든 작용 속에서 물리학을 목격한다.

이를테면 교통수단에 대해 생각해보자. 비행기나 자동차는 영국 물리학자 뉴턴이 17세기에 주창한 운동의 법칙을 빼놓고는 생각할 수 없다. 항공기가 움직이는 것은 '모든 작용에는 동일한 반작용이 존재한다'는 운동의 제3법칙 덕이다. 비행기 엔진이 공기를 밀어내면 공기는 그와 동일한 크기의 반대되는 힘을 엔진에 가해 비행기를 전진하게 만든다(그래서 이름이 aeroplane이다). 자동차 액셀러레이터를 밟을 때도 엔진 속에서 열을 전환하고 가속하는 자동차의 질량과 에너지의 관계를 규명하는 열역학이 구현된다.

과학기술의 작동 원리를 곰곰이 생각해보기 전에는 물리학의 역할이 잘 드러나지 않기도 한다. 냉장고가 좋은 예라고 할 수 있다. 뭔가를 뜨겁게 만들기는 아주 쉽지만, 물질이 팽창할 때 일어나는 일이나 열역학을 이해하지 못하면 온도를 떨어뜨리는 방법을 정확히 알 길이 없다.

전통적인 물리학을 기반으로 한 과학기술 장비를 흔히 볼 수 있다. 바퀴나 지렛대, 나사 등은 앞으로도 중요한 역할을 할 것이다. 하지만 우리는 상당 부분 최신 물리학으로 구현한 과학기술과 함께한다. 전자장치들은 양자론이 그 바탕이다. 심지어 진공관(밸브) 같은 초기 전자장치도 전자, 즉 양자

입자의 흐름을 조종해 기능하도록 만든 물건이다. 반도체를 이용한 전자장치들은 복잡한 양자의 세계와 끈끈한 관계다.

그리고 로봇이 있다. 자동차를 조립하거나 자동화 창고를 제어하는 것처럼 어떤 로봇은 단순하지만 솜씨가 아주 좋다. 어떤 로봇은 인간에 가까운 모습을 하고 있다. 더 큰 과제, 즉 의식 너머의 궁극적 물리 원칙과 정신이 작용하는 방식을 규명하는 일 또한 앞으로 과학기술이 감당할 영역이다. 로봇 기술을 개선하려고 노력하다 보면, 우리 뇌의 정체를 더 잘 이해할 날도 올 것이다.

로봇들은 대개 크지만, 과학기술은 정반대 크기의 것들을 구현하는 방법을 탐구하는 데 점차 큰 관심을 쏟는다. 단순한 장치에서 복잡한 장치까지 바이러스만 한 크기로 구현하는 영역을 개척하는 것은 나노 기술이다. 그렇게 작은 세상에서는 물리학 법칙이 우리의 대규모 세상과 판이하게 작용한다.

로봇이 의식이 있다면

안젤라 사이니 Angela Saini

인간의 의식처럼 이해하기 어려운 영역은 과학과 철학의 신비로운 중간 지대에 존재한다고 볼 수 있다. 총체적인 의식을 복제하는 방법을 연구하는 공학자들은 대개 의식이 지능과 깊은 연관이 있다고 생각한다. 인공지능을 연구하는 학자들은 주로 정신의 힘이 필요한 일들을 수행할 수 있는 기계를 만들기 위해 노력하지만, 아직 지능의 정체를 명확히 규명하지 못한 상태다.

의식과 지능의 문제를 바라보는 시각은 연구 분야별로 다르다. 어떤 이들은 컴퓨터가 베이스의 추론 같은 접근법을 이용해 논리적 문제를 해결하게 하는 것이 인공지능의 핵심이라고 생각한다. 베이스의 추론이란 여러 가능성 가운데 최선의 추론을 통해 결과를 예측하는 방식을 정의한 이론으로, 인간이 머릿속에서 결정을 내리는 방식과 유사

하다. 어떤 이들은 뇌 속 생체 고리들을 흉내 내어 만든 인공 신경 네트워크로 인간이 주변 세상을 느끼듯 감지할 수 있는 로봇을 만들면 모든 것이 해결되리라고 믿는다. 어느 의견을 지지하고 어떤 방법이 성공적일 거라 믿든, 이런 과정을 처리하려면 엄청난 계산 능력이 필요할 것이다.

이 시대 가장 크고 빠른 슈퍼컴퓨터는 상당한 일들을 해냈다. 1997년 미국 과학기술계의 거인 IBM에서 만든 슈퍼컴퓨터 디프블루는 세계 체스 챔피언 개리 카스파로프 Garry Kasparov와 체스를 겨뤄 승리했다(1996년에 벌인 첫 게임에서는 컴퓨터가 카스파로프에게 졌다). 2011년 IBM의 또 다른 슈퍼컴퓨터 왓슨은 미국 게임 쇼 '제퍼디Jeopardy!'에 참가해 100만 달러를 획득했다.

이제 인공지능의 핵심은 언어라는 의견이 지배적이며, 많은 연구진이 기계가 인간의 단어와 문법을 이해하도록 돕는 시스템을 개발 중이다. 최근에는 이야기를 이해할 수 있는 기계가 설계되기도 했다. 미국 매사추세츠공과대학Massachusetts Institute of Technology의 패트릭 윈스턴Patrick H. Winston 교수가 셰익스피어William Shakespeare의 비극 『맥베스Macbeth』의 줄거리를 설명할 수 있는 소프트웨어 제너시스를 개발한 것이다.

1950년 영국 컴퓨터 과학자 앨런 튜링Alan Mathison Turing은 컴퓨터의 지능을 판정하기 위해서는 한 사람에게 대화하도록 해 대상이 컴퓨터인지 인간인지 구별할 수 있는지 살피면 될 거라고 주장했다. 현대의 기계들은 튜링의 테스트를 가뿐히 통과했지만, 인간과 흡사한 지능이라고 말하기엔 무리가 있다. 의식이 있는 로봇을 발명하려면 지능의 정체부터 밝혀내야 할 것이다.

놀라운 사실

1968년은 할리우드Hollywood 영화 '2001 스페이스 오디세이A Space Odyssey'에 인공지능 컴퓨터 HAL9000이 등장한 해다.

2011년은 애플이 아이폰 비서 '시리'를 대중에게 소개한 해다. 시리는 정말 비서라도 되는 양 사용자의 말을 알아듣는다.

세계에서 가장 강력한 슈퍼컴퓨터 타이탄의 초당 연산 처리 횟수는 **2**만 조 회다.

함께 생각하기

- 양자 계산이 가능하다면 | 46쪽
- 전자를 빛으로 바꿀 수 있다면 | 118쪽

그레이 구가 우리를 공격한다면

안젤라 사이니 Angela Saini

여러 과학 분야 가운데 아직은 걸음마 수준이라 할 수 있는 나노 기술은 원자나 분자처럼 지름이 1m의 1/1,000,000,000쯤 되는 규모에서 물질이 작용하는 방식을 다룬다.

'그레이 구grey goo'는 널리 통용되는 단어는 아니지만, 2003년 영국의 찰스Charles Windsor 황태자가 나노 기술의 위험성에 대해 경고한 이유가 바로 이 단어 때문인 것으로 알려졌다. 그레이 구는 원래 세계 최초의 나노 기술 전문가인 미국의 공학자 에릭 드렉슬러Eric Drexler의 연구에서 등장한 용어다. 드렉슬러는 1986년 출간한 『창조의 엔진Engines of Creation』에서 마치 살아 있는 생물처럼 스스로 복제하는 원자 크기의 정교한 기계들에 대해 상세히 기술했다. 그는 초소형 자기 복제 기계들이 기하급수적으로 늘어나,

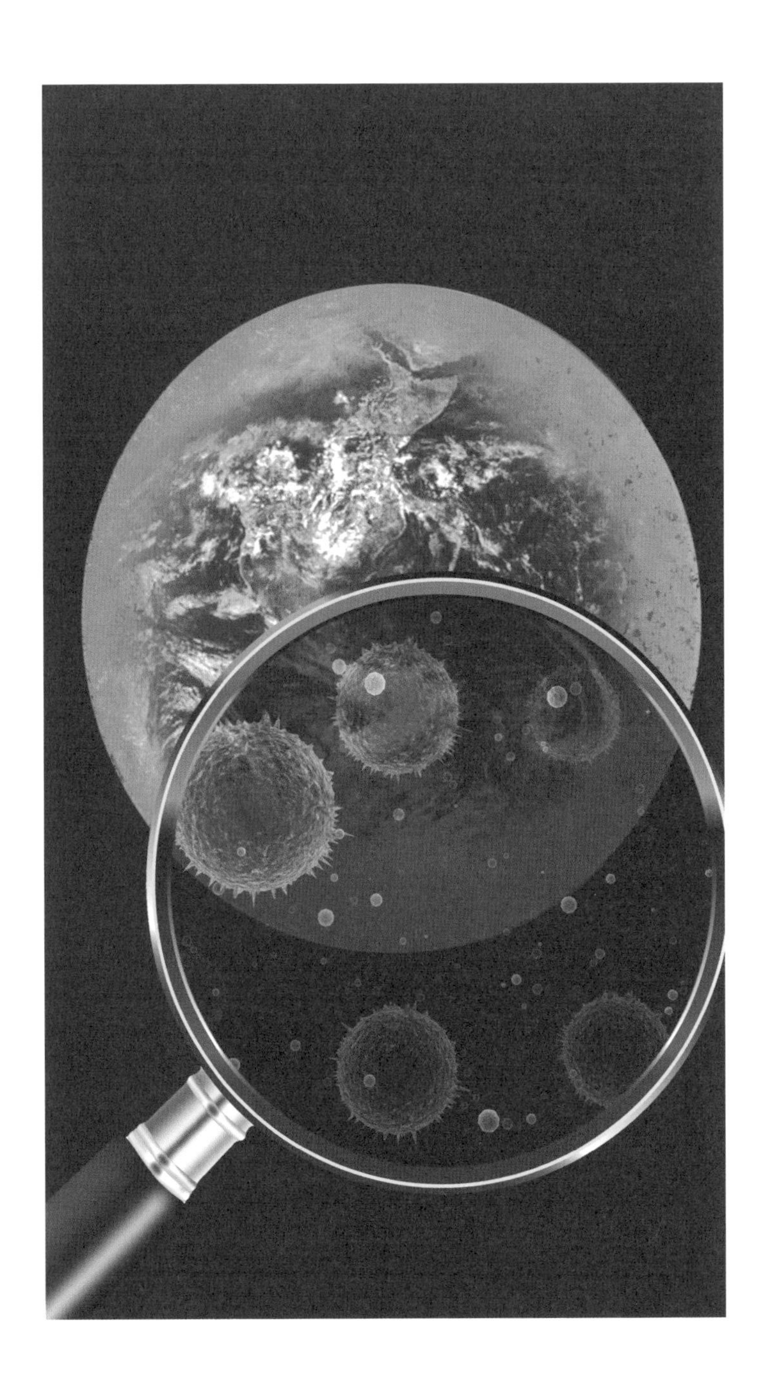

자연환경에서 자신의 성장에 필요한 원료를 온통 빨아들일 것이라고 주장했다. 또 이들 기계는 아주 작아서 우리 눈에 먼지 더미가 점점 규모를 늘리는 것으로 보일 뿐이라고 덧붙였다. 꼭 회색grey이거나 끈적이지gooey 않더라도 말이다.

미국의 베스트셀러 작가 마이클 크라이튼Michael Crichton은 드렉슬러가 그린 그레이 구를 2002년 출간한 자신의 소설 『먹이Prey』에서 더 끔찍하게 구현했다. 책에서는 미세한 기계인 포식자 구름이 자신을 창조한 과학자들을 공격한다. 그러나 현실에서 도망가는 미니 로봇은 1986년이나 지금이나 말도 안 되는 이야기일 뿐이다.

오늘날 의학과 화장품, 의복에서 나노 입자가 널리 사용된다. 나노 약품은 입자가 작아서 흡수력이 뛰어나며, 항균성 은 나노 운동복은 장시간 쾌적한 냄새가 난다. 나노 기기 개발 사례는 별로 없지만, 개발된 기기들은 대개 질병과 싸우는 생체의학 장비에 활용되었다. 그레이 구에 대한 공포는 퇴색되었다. 전하는 바에 따르면 드렉슬러조차 더는 그 말을 사용할 생각이 없다고 한다. 이제 나노 기술은 위협이 아니라 일상이 된 듯하다.

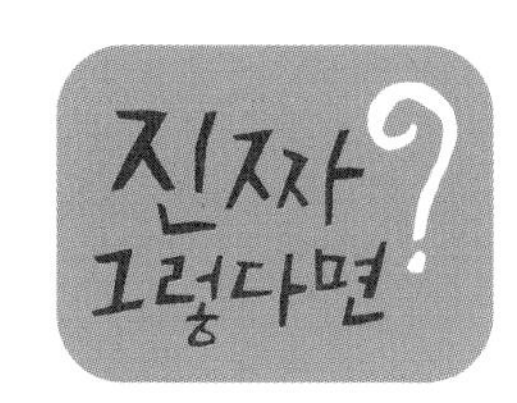

2004년 나노 기술의 상징적 인물 에릭 드렉슬러는 "강력한 시스템을 인간이 의도적으로 이용하면 심각한 문제가 생길 수 있다"고 말했다. 괴테Johann Wolfgang von Goethe의 시 「마법사의 제자The Sorcerer's Apprentice」에 나오는 빗자루처럼 말이다. 드렉슬러에 따르면 자가 복제 나노 기계들이 탄생하는 것은 우연이 아니다. 아직 먼 이야기지만, 일부러 그것들을 개발할 가능성은 얼마든지 있다. 이런 일이 절대 일어나지 않도록 하기 위해서는 과학자들과 정부들이 나서서 나노 기술의 발전을 강력하게 규제할 책임이 있다.

놀라운 사실

미국 물리학자 리처드 파인먼이 **1959**년 nm 크기의 기계에 대해 처음 언급했다.

2008년 영국에서 실시한 설문 조사 결과, **반 조금 넘는 수**가 나노 기술을 도덕적으로 받아들일 만하다고 답했다. 영국 인구 표본 집단의 약 30%가 이 명제에 동의한 셈이다.

나노 크기 금은 입자로 스테인드글라스 창문을 만든 것은 **중세**다.

함께 생각하기

- 원자를 볼 수 있다면 | 114쪽
- 로봇이 의식이 있다면 | 238쪽

탄소가 세상을 바꿀 수 있다면

안젤라 사이니 Angela Saini

가끔은 실험실에서 그토록 꿈꾸던 것을 자연이 선사해주기도 한다. 물질을 기술적으로 응용하려다가 굉장히 강력한 물질을 발견하는 것이다. 그래핀이 이런 기적적인 물질 중 하나다. 기하학적 구조를 갖춘 원자 두께의 탄소판 그래핀은 자연적으로 발생하며, 연필에 흔히 쓰이는 흑연에서 유래한 물질이다. 그래핀은 엄청나게 가볍고(1m² 그래핀 한 장 무게가 1g의 1/1,000보다 가벼우며 사실상 투명하다), 놀라울 정도로 높은 내구성(뉴욕New York 컬럼비아대학Columbia University 연구진에 따르면 구조용 강철재보다 200배 강하다)을 자랑한다.

2004년 영국 맨체스터대학에서 연구하던 러시아 출신 과학자 안드레 가임Andre Geim과 콘스탄틴 노보셀로프Konstantin Novoselov가 그래핀을 처음 발견한 뒤, 수많은 분야에서 사용

가능성이 제기되었다. 그래핀으로 테니스 라켓을 만들면 더 가벼워지고, 자동차 타이어를 만들면 더 강해질 수 있다. 사람들이 그래핀에 열광하는 가장 큰 이유는 이 물질이 다른 어떤 금속보다 전도성이 뛰어나다는 사실이었다. 그래핀은 초소형 전자공학에서 실리콘보다 훨씬 유연하고 가벼우며, 강한 대체재로 사용이 가능했다.

2007년 가임과 노보셀로프는 그래핀 1%를 함유한 플라스틱이 전도할 수 있다고 주장했다. 이후 미국 IBM에서는 그래핀으로 만든 고속 회로를 개발했다. 그러나 강력하고 유연한 이 차세대 물질로 할 수 있는 일을 상상하기 전, 비교적 최근의 발견이라 그 가능성이 제대로 입증되지 않았음을 기억해야 한다.

벌써 문제가 발견되었다. 실리콘과 달리 그래핀에서는 전류가 끊어지지 않은 것이다. 한국 기업 삼성에서 그래핀 내의 전기 흐름을 차단할 수 있는 장치를 개발했다는 주장을 내놓은 상태다. 전 세계에서 그래핀 연구에 엄청난 돈을 투자하고 있으니, 이 기적의 물질의 진정한 가치는 곧 증명될 것이다.

그래핀을 발견한 안드레 가임은 이 새로운 물질이 앞으로 플라스틱과 유사하게 활용될 수 있을 것이라고 주장했다. 그러나 주장은 아직 현실로 증명되지 않았다. 그래핀 연구는 대부분 규모가 아주 작다. 많은 양을 만들어내기에는 비용 부담이 크기 때문이다. 게다가 생산 규모를 늘리면 그래핀의 놀라운 특성이 제대로 구현되지 못할 수도 있다.

러시아계 영국 물리학자 안드레 가임과 콘스탄틴 노보셀로프가 그래핀을 발견함으로써 **2010**년 노벨 물리학상을 탔다.

그래핀은 원래 크기보다 **20**% 늘릴 수 있다.

그래핀은 다이아몬드를 비롯해 **다른 어떤 물질보다** 열전도율이 뛰어나다.

- 원자를 볼 수 있다면 | 114쪽
- 전자를 빛으로 바꿀 수 있다면 | 118쪽

비행기 날개가 작동하지 않는다면

브라이언 클레그 Brian Clegg

비행기에 추진력을 제공하는 제트엔진은 동체를 공중으로 들어 올리는 힘의 절반에 해당될 뿐이다. 나머지 절반을 담당하는 공학적 부위는 양력을 제공하는 비행기의 날개다. 가장 널리 알려진 양력 작용에 대한 설명으로는 베르누이 효과가 있다. 베르누이 효과는 몹시 우아하지만 한 가지 심각한 문제가 있다. 옳지 않은 설명이기 때문이다.

베르누이 효과에 따르면, 특수 설계한 모양 덕에 날개 위 공기는 날개 아래를 지나는 공기보다 많이 움직인다. 이 말은 날개 위 공기가 아래보다 계속 더 빨리 움직인다는 뜻이다. 그 과정에서 날개 위의 공기는 점점 엷어지다 동이 나고, 결과적으로 날개 아래 공기보다 날개 위 공기의 압력이 낮아진다. 아래보다 위의 압력이 낮으므로 날개

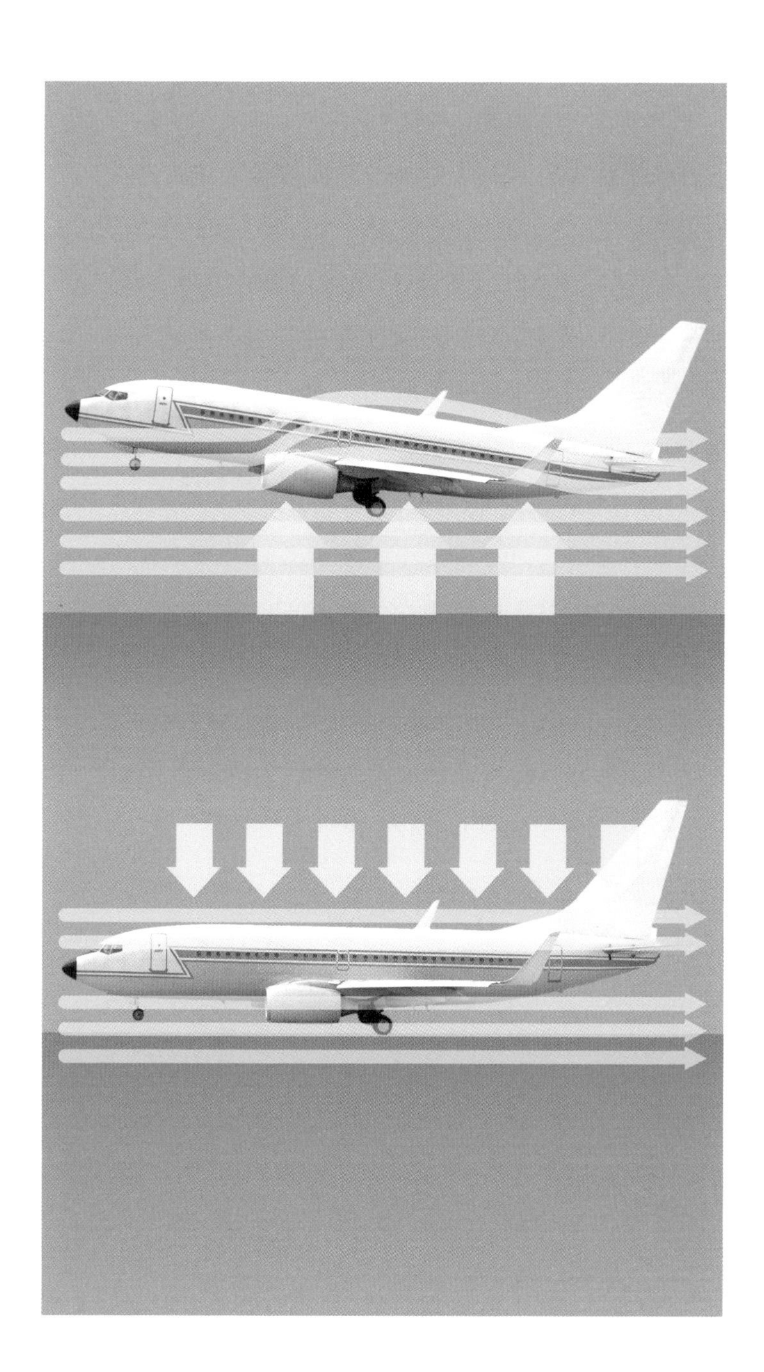

는 떠오르고, 마침내 비행기는 이륙한다.

문제는 날개 위 공기가 아래 공기와 '보조를 맞출' 필요가 없다는 점이다. 날개 위 공기가 아주 빨리 흐르기는 한다. 베르누이 효과로 설명할 수 있는 양력이 존재하지만, 족히 400t은 되는 비행기를 날게 할 만한 힘은 아니다. 비행기 날개를 들어 올리는 주된 힘은 제트엔진의 추진력과 동일한 효과, 즉 '모든 작용에는 동일한 반작용이 존재한다'는 뉴턴의 운동의 제3법칙 덕이다.

엔진 내부의 공기가 제트기 뒤를 향해 터져 나오면, 엔진과 비행기는 뒤로 밀린 공기와 동일한 힘으로 앞으로 밀린다. 한편 날개를 지나는 공기는 독특하게 설계된 날개의 모양 때문에 아래로 눌린다. 그러면 날개는 공기가 받은 힘과 동일한 힘으로 위로 밀린다. 양력이 생기는 것이다.

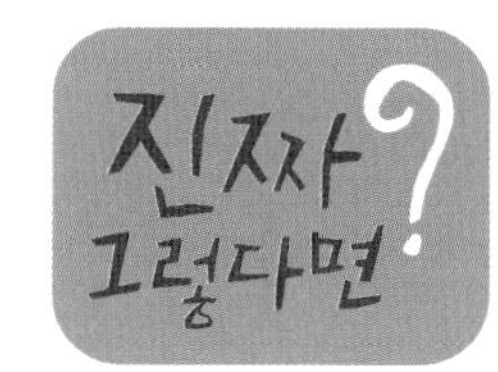

비행기가 공중에 떠 있는 동안 발생하는 일은 대개 다섯 가지 힘과 연관된다. 중력은 비행기를 계속 아래로 잡아당긴다. 이에 맞서는 힘은 비행기가 앞으로 이동하면서 발생하는 양력이다. 엔진에서 발생한 추진력은 비행기를 앞으로 밀고, 공기의 저항 때문에 발생한 항력이 비행기를 뒤로 잡아당긴다. 여기에 난기류는 주로 온도가 다른 지역이나 기류 속도가 다른 지역을 지나갈 때 동체를 마구 눌러대는 일종의 조커라고 할 수 있다.

747기 날개는 **64**m로, 1903년 처녀비행을 시도한 최초의 동력기 라이트 플라이어 비행거리의 약 두 배에 달한다.

날개 끝이 공기를 가르면 배수구로 물이 빨려 들어갈 때와 유사한 현상이 생긴다. 날개 끝에서 생성되는 **보이지 않는 소용돌이**가 난기류를 형성하므로, 비행기는 앞선 비행기가 활주로에서 완전히 날아오를 때까지 기다려야 한다.

함께 생각하기

- 미래로 갈 수 있다면 | 58쪽
- 지구가 평평하지 않다면 | 218쪽

아인슈타인이 냉장고를 발명했다면

브라이언 클레그 Brian Clegg

얼핏 보기에 냉장고는 '열은 뜨거운 곳에서 차가운 곳으로 흐른다'고 정의한 열역학 제2법칙을 거스르는 듯하다. 냉장고에 갇힌 열은 내부의 차가운 공간에서 추출되어 바깥으로 발산된다. 이런 일이 가능한 것은 제2법칙이 에너지가 안팎으로 드나들지 못하는 닫힌계를 전제로 하기 때문이다. 그러나 냉장고는 플러그가 꽂혔을 때만 작동한다. 외부의 에너지 공급이 필요한 것이다.

냉장고는 보통 냉매라 부르는 테트라플루오로메탄 같은 화합물을 활용해 작동한다. 애초 수증기 상태인 냉매는 압축 과정을 거치고, 냉장고 외부 공기에 노출되면서 열을 발산하고 차가워진다. 냉매는 차가워지는 과정에서 액화된다. 이후 작은 구멍으로 들어가면서 압력이 낮아지고, 증발하기 쉬운 상태가 된다. 아직 액체 상태인 냉매는 남

은 에너지를 빼앗겨 극도로 차가워진다. 차가워진 냉매가 흐르는 파이프를 거친 공기는 덩달아 차가워지고, 냉장고 안으로 들어가 내부 온도를 낮춘다. 오늘날 대다수 냉장고의 작동 원리가 이와 같다.

하지만 초기에 개발된 냉장고에는 독성 물질이 함유되어 위험했다. 1920년대 베를린Berlin에서는 냉장고의 밀폐 상태가 훼손되는 바람에 일가족이 사망하기도 했다. 어울리지 않지만, 이 사건으로 영감을 받은 아인슈타인과 헝가리 출신 물리학자 레오 실라르드는 전혀 다른 역학으로 움직이는 냉장고를 발명했다.

두 사람이 발명한 냉장고는 움직이는 부품이 전혀 없으며, 일반적인 냉장고에 쓰이는 압축 장치가 아니라 지속적인 압력을 토대로 작동하는 기계다. 최고의 이론가 아인슈타인이 그런 물건을 발명했다는 것이 의아할 수도 있지만, 그가 원래 스위스 특허청에서 특허 심사관으로 일했다는 사실을 기억하시길. 아인슈타인은 당시 경험 덕에 자신이 가르친 실라르드와 완벽한 짝꿍이 될 수 있었는지도 모른다. 한편 실라르드는 핵연쇄반응을 규명한 학자로 유명하다.

아인슈타인과 실라르드가 발명한 냉장고는 많은 특허를 출원했지만, 널리 이용되지 못했다. 그러나 지금도 전기 공급이 제한되거나 아예 사용이 불가능한 지역에서는 두 사람의 냉장고가 일종의 대안으로 여겨진다. 열원만 공급하면 작동이 가능하고, 가스부터 태양에너지까지 모든 것이 동력원으로 사용될 수 있기 때문이다. 두 사람의 냉장고는 압축기 대신 두 가지 화합물의 혼합제를 사용한다. 혼합한 물질에서 한 화합물을 추출하면 압력이 뚝 떨어지는 원리를 활용하는 것이다.

1926년 아인슈타인과 실라르드가 냉장고를 발명했다.

아인슈타인이 발명한 냉장고의 미국 내 특허 번호는 **1781541**이다. 1927년에 출원되어 1930년에 특허 번호가 발급되었으며, 현재까지 참조되고 있다.

- 절대영도보다 낮은 온도가 가능하다면 | 202쪽
- 공짜 점심 같은 것이 존재한다면 | 206쪽

전기와 자기가 나뉘지 않았다면

전기와 전기 제품은 일상생활에서 엄청 크고 넓은 영역을 지배하는 반면, 우리는 냉장고에 붙이는 자석 말고는 자기를 경험할 일이 없는 듯하다. 그런데 전혀 달라 보이는 전기와 자기는 아주 가까운 사이라고 할 수 있다. 자기 없이는 전기가 없고, 전기 없이는 자기도 없다. 전선을 따라 전류가 흐르면 주위에 자기장이 생긴다. 이것이 모터가 작동하는 기본 원리다. 철사에 자석을 가까이 가져가면 전류가 흐른다. 짠! 당신은 전기를 생산하는 것이다.

1820년 덴마크 물리학 교수 한스 크리스티안 외르스테드Hans Christian Ørsted는 우연히 전기와 자기의 관계를 발견했다. 강의 도중 전류를 이용해 철사를 달구는 방법을 시연할 때였다. 전류가 들어오고 나가는 동안 근처의 자침이 철사를 향해 방향을 바꾸었다는 사실을 깨닫고 이후 그 현

상을 조사해 발표했으며, 그의 발표는 과학계에 커다란 흥미를 불러일으켰다.

이 발표에 영감을 받은 프랑스 물리학자 앙드레 마리 앙페르André Marie Ampère는 철사 속 전류가 자침에 힘을 가해 움직이도록 했다면, 철사 두 개를 자석처럼 작용하게 만들 수도 있지 않을까 생각했다. 결국 그는 전류가 같은 방향으로 흐르는 평행한 철사 두 개는 서로 끌어당기는 반면, 반대 방향으로 전류가 흐르면 서로 밀어낸다는 사실을 증명했다. 그리고 전류가 흐르는 철사로 인해 생성된 자기장을 설명하는 앙페르의 법칙을 만들었다. 전류의 양을 수량

화한 단위 A(암페어)는 앙페르의 이름을 본뜬 것이며, 암페어의 정의 역시 평행한 철사 두 개가 행사하는 힘에 관한 앙페르의 법칙에서 비롯되었다.

1830년 영국 화학자이자 물리학자 마이클 패러데이 Michael Faraday의 실험도 아주 중요하다. 그는 철사 뭉치 안에서 자석을 움직일 때 유도되는 전류의 양상, 즉 전자기장 '유도'를 발견했다. 페러데이가 발견한 핵심은 자기장의 이동이다. 자석이 움직임을 멈추면 철사 안의 전류는 사라진다. 이것이 발전소에서 전기를 생산하는 방식이다. 석탄을 태우거나 물의 낙차를 통해 얻은 에너지로 철사 뭉치 근처에서 자석을 움직이도록 만드는 것이다. 당시 다양한 실험에서 발견한 사실들이 현대의 전동기, 발전기, 변압기를 만드는 기초가 되었다.

여러 실험 뒤를 이어, 스코틀랜드의 이론물리학자 제임스 클러크 맥스웰은 전기장과 자기장의 작용을 깔끔한 공식으로 일반화했다. 맥스웰의 방정식이라 불리는 이 공식은 어떤 상황에서도 적용할 수 있다. 뛰어난 지적 성취로 알려진 맥스웰의 방정식은 영국 물리학자 뉴턴이 만든 운동의 법칙과 양대 산맥을 이루며, 전기와 자기가 만나 우주의 네 가지 기본 힘 가운데 하나인 전자기력이 되는 과정을 보여준다(다른 세 가지 힘은 중력, 약력, 강력이다).

맥스웰의 방정식의 가장 놀라운 특징은 전기장이나 자기장, 어느 쪽이든 시간에 따라 변하면서 공간적으로 이웃하는 영역에 다른 종류의 장을 유발한다는 사실을 증명해냈다는 점이다. 그 덕에 전자기파의 존재를 예측할 수 있었다. 전자기파란 매개 없이도 자유롭게 공간을 이동할 수 있으며, 시간에 따라 변하는 전기파와 자기파를 가리킨다. 이들 파장은 빛과 전파, 적외선, 자외선과 더불어 전자기 스펙트럼을 구성하며, 현대 과학기술에 꼭 필요한 요소다.

운동이 끝나지 않는다면

사이먼 플린 Simon Flynn

영구운동이라는 개념에는 영국 물리학자 뉴턴의 운동의 법칙이 꼭 필요하다. 제1법칙은 멈춰 있거나 움직이는 물체는 외부의 힘을 가하지 않아도 현 상태를 유지한다고 설명한다. 땅 위에 놓인 골프공이 골프채로 쳐서 힘을 가하기 전에는 멈춰 있는 것도 그 때문이다. 공을 치면 여러 가지 힘(중요한 힘이 공기저항과 중력이다)이 공에 작용하기 시작하고, 공의 이동 거리를 제한한다. 공이 솟아오를수록 가해지는 힘이 점점 약해져 훨씬 멀리 날아갈 것이라고 생각할 수 있다. 지구에서 영구운동 기계를 쉽사리 만들지 못하는 가장 큰 이유가 마찰 등의 반발력 때문이기는 하다. 그러나 공중에 떠 있는 물체에도 미미하지만 중력을 비롯한 몇 가지 힘이 작용하게 마련이다.

열역학 제1법칙과 제2법칙을 감안하면 문제는 더 늘어

난다. 제1법칙은 에너지 보존에 관해 이야기한다. 고립된 계에서는 넣은 것 이상을 가지고 나올 수 없다. 제2법칙은 운동으로 변한 에너지가 모두 운동으로 변환되지는 않는다고 말한다. 에너지 가운데 일부는 늘 열 상태로 유실되는 것이다. 그러나 자연에는 영구운동을 하는 듯 보이는 것들이 많다. 일례로 달의 운동. 달은 수십억 년에 걸쳐 지구 주위를 꾸준한 속도로 여행한 게 분명하다. 그러나 세밀하게 측정해보면 그 움직임이 변한다는 사실을 알 수 있다.

궁극적인 의문 하나가 남는다. 과연 '영구'라는 말이 의미하는 바가 무엇일까? 영원을 의미한다면, 사실상 멈추지 않는 것이 가능한 양자 입자를 제외하면 영구운동은 과학적으로 불가능할 것이다. 그러나 영구라는 말이 아주 긴 시간을 의미한다면, 영구운동은 벌써 진행되고 있다고 봐도 무방하다. 그것을 유리하게 이용하는 방법이 중요한 문제다.

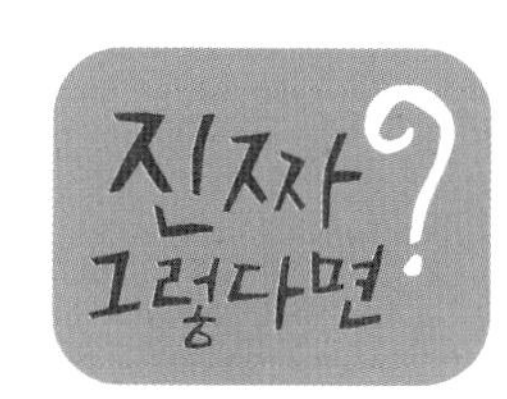

달의 예를 감안할 때 인류가 해낸 근사치의 영구운동은, 무인 우주탐사선 파이어니어 10호라고 할 수 있겠다. 1972년 발사된 파이어니어 10호는 거리에서 보이저 1호에게 밀리기는 했지만 이동 시간은 가장 오래되었으며, 현재 더 먼 우주로 향하고 있다. 2003년에 접속이 끊겼으나, 과학자들은 파이어니어 10호가 약 200만 년 뒤 60ly 이상 떨어진 알데바란이라는 별 근처에 도착할 것이라고 추정한다.

태양계에 대한 파이어니어 10호의 속도는 **12**km/s다.

달이 지구를 도는 기간은 **45**억 년으로 추정된다.

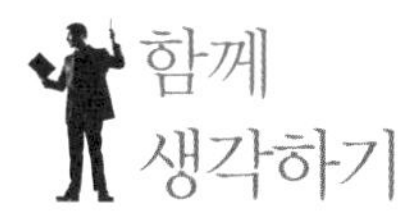

- 공짜 점심 같은 것이 존재한다면 | 206쪽
- 맥스웰의 도깨비가 정말 존재한다면 | 214쪽

현자의 돌을 손에 넣는다면

안젤라 사이니 Angela Saini

역사에는 철 같은 금속을 모두 금이나 은으로 변하게 한다는 전설적인 현자의 돌에 관한 이야기가 굉장히 많다. 이런 일을 연구하는 연금술은 현대 화학이 탄생하기 전에 진짜 과학 대접을 받았으며, 인류가 화학물질을 이해하는 데 큰 도움을 주었다. 하지만 연금술이 물리적으로 불가능한 일이라는 것이 밝혀지자, 현자의 돌에 관한 연구는 구제불능 의사 과학적 행위가 되고 말았다. 최근까지도 그랬다.

오늘날 우리는 각 원소가 특정 무게가 있는 원자로 구성되며, 원자 내부의 입자에 따라 철인지 금인지 결정된다는 사실을 잘 알고 있다. 이 때문에 원자를 다른 것으로 변하게 하는 일이 아주 어렵다. 원자를 변하게 한다는 것은 원자핵을 억지로 뜯어내 뭔가를 첨가하거나 제거한다는 의

미다. 원소가 방사성이라면 모를까, 몹시 어려운 일이다. 칼륨은 방사성을 띠어서, 아원자입자가 튀어나오면서 자연스럽게 아르곤으로 변한다. 공을 좀 들이면 다른 원소들도 칼륨처럼 변하게 만들 수 있다.

정통 연금술은 역사책 속으로 물러앉았지만, 납을 금으로 바꾸는 작업은 실행에 옮겨진 지 좀 되었다. 1980년에 원자물리학의 선구자이자 새로운 원소 아홉 개를 만든 미국 화학자 글렌 시보그Glenn Theodore Seaborg가 캘리포니아의 로렌스버클리연구소Lawrence Berkeley Laboratory에서 납 원자 수천 개의 입자를 제거해 금으로 바꾸었다. 하지만 공정에 많은 비용이 들어서 현실적으로 득 될 일은 없어 보인다.

우리 일상에 보다 가까운 예로는 우라늄이 있다. 우라늄은 아원자입자의 공격을 받으면 쪼개지면서 다른 원소로 변하며, 이는 의학적으로 쓸모가 많다. 그러나 우라늄 변성 역시 상당히 어렵고 비용이 많이 드는데다 위험하다. 2011년 오사카大阪대학 과학자들이 일본싱크로트론방사선연구소JSRRI와 공동 연구 끝에, 레이저 빔을 이용해 우라늄 원자를 '흔들면' 손쉽게 같은 결과를 만들어낼 수 있다는 사실을 발견했다.

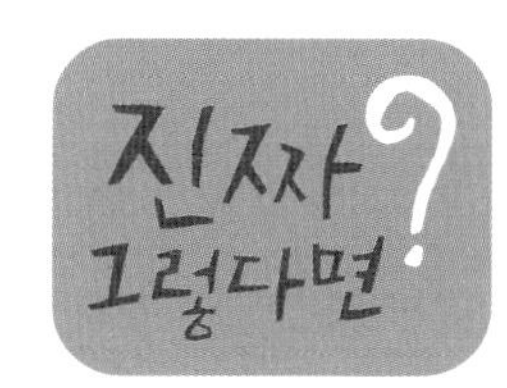

물질 변성 기술을 이용하면 원자력발전소에서 발생하는 위험천만한 방사성폐기물 수천 t을 안전하게 처리할 수도 있을 것이다. 현재로선 방사성폐기물을 수백 년간 아주 조심해서 저장하는 수밖에 없다. 이에 전문가들은 우라늄, 플루토늄 등 강도 높은 방사성폐기물을 작게 쪼개 위험이 덜한 물질로 만드는 방법을 연구하고 있다. 입자가속기를 사용하는 방법이 있으나, 이는 비용이 지나치게 많이 드는 것으로 알려졌다.

1901년 방사성물질이 붕괴하면 다른 물질로 변한다는 사실을 최초로 밝혀냈다.

현자의 돌은 물질을 금이나 은으로 바꾸기도 하지만, **영생의 묘약**으로 유명하다.

- 대통일이론과 만물의 법칙이 존재한다면 | 94쪽
- 만물이 끈으로 되어 있다면 | 142쪽

지/은/이/소/개

브라이언 클레그Brian Clegg는 케임브리지대학University of Cambridge에서 자연과학을 연구한다. 주 분야는 실험물리학. 한때 영국항공British Airways을 위해 첨단 기술 솔루션을 개발하고 창의력 전문가 에드워드 드 보노Edward de Bono와 함께 일했으며, BBC부터 기상청까지 다양한 고객을 대상으로 하는 창의력 자문 회사를 설립했다. 『네이처Nature』 「타임스The Times」「월스트리트저널Wall Street Journal」 등에 기고하고, 옥스퍼드대학University of Oxford과 케임브리지대학, 영국왕립과학연구소Royal Institution 등에서 강연했다. www.popularscience.co.uk라는 서평 사이트를 운영하며, 지은 책으로 *A Brief History of Infinity*(무한함의 짧은 역사), *How to Build a Time Machine*(타임머신 만드는 법)이 있다.

프랭크 클로즈Frank Close(대영제국4등훈장 수훈자)는 옥스퍼드대학 물리학과 교수이자 옥스퍼드 엑스터칼리지Exeter College의 선임 연구원이다. 러더퍼드애플턴실험실Rutherford Appleton Laboratory의 이론물리학 부서장, 유럽원자핵공동연구소CERN 대중 교육·커뮤니케이션 부서장을 지냈다. 핵입자의 쿼크와 글루온 구조를 연구하고 있으며, 200편이 넘는 전문 평가 논문을 썼다. 미국물리학회APS와 영국물리학기구British Institute of Physics 회원인 그는 1996년 물리학을 대중화한 공로로 학회에서 켈빈 메달을 받았다. 지은 책으로 『반물질Antimatter』을 비롯해, 2013년 갈릴레오 프라이즈 최종심에 오른 *Neutrino*(중성 미립자), 베스트셀러 *Lucifer's Legacy*(루시퍼의 유산), *The Infinity Puzzle*(무한대의 수수께끼) 등이 있다.

로드리 에반스Rhodri Evans는 외부 은하계 천문학에 대해 조사·연구한다. 16년 넘게 항공천문학 연구에 매진했으며, 성층권적외선천문대SOFIA의 원적외선 카메라 시설 구축팀의 주축으로 활동 중이다. 별의 형성과 우주론 연구에도 참여하며, TV와 라디오, 대중 강연 등에 종종 모습을 드러낸다. www.thecuriousastronomer.wordpress.com이라는 블로그를 운영 중이다.

사이먼 플린Simon Flynn은 과학 교사이자 *The Science Magpie: A Hoard Fascinating Facts, Stories, Poems, Diagrams and Jokes Plucked from Science History*(과학 까치 : 과학과 그 역사에서 찾아낸 매력적인 사실, 이야기, 시, 도표, 농담 모음집)의 지은이다.

소피 헵든 Sophie Hebden은 영국 맨스필드Mansfield에 거주하는 과학 전문 자유 기고가. 두 아이를 돌보면서 물리학에 관한 글을 쓰고 있다. 『뉴사이언티스New Scientist』『파운데이셔널 퀘스천스 인스티튜트 Foundational Questions Institute』 등에 글을 쓰며, SciDev.Net에서 뉴스 편집인으로 일했다. 공간 플라스마 물리학으로 박사 학위를, 과학 커뮤니케이션으로 석사 학위를 받았다.

안젤라 사이니Angela Saini는 런던London에서 주로 활동하는 과학 전문 독립 언론인. *Geek Nation: How Indian Science is Taking Over the World*(괴짜 국민 : 인도 과학이 세계를 점령하다)의 지은이다. 『뉴사이언티스트』『와이어드Wired』「가디언The Guardian」 등에 기고하고, BBC 라디오 과학 프로그램에 고정 출연한다. 영국과학저술가협회Association of British Science Writers에서 주관하는 2012년 베스트 뉴스 스토리 상을 비롯해 여러 상을 받았다. 옥스퍼드대학에서 공학 석사 학위를 받았으며, 미국 매사추세츠공과대학Massachusetts Institute of Technology의 '나이트 사이언스 저널리즘' 회원으로 활동했다.

아인슈타인이 틀렸다면

펴낸날 | 초판 1쇄 2014년 3월 20일

지은이 | 브라이언 클레그 외
옮긴이 | 정현선
만들어 펴낸이 | 정우진 강진영 김지영
펴낸곳 | 황소걸음
꾸민이 | 홍시

출판등록 | 제22-243호(2000년 9월 18일)
주소 | 서울시 마포구 신수동 448-6 한국출판협동조합 내
편집부 | 02-3272-8863
영업부 | 02-3272-8865
팩스 | 02-717-7725
이메일 | bullsbook@hanmail.net

ISBN | 978-89-89370-87-1 03420